生きものたちの「かわいくない」世界

動物行動学で読み解く、進化と性淘汰

IL GORILLA CE L'HA PICCOLO

Vincenzo Venuto

ヴィンチェンツォ・ヴェヌート

安野亜矢子 訳

ハーパーコリンズ・ジャパン

IL GORILLA CE L'HA PICCOLO
by Vincenzo Venuto

Pubblicato in accordo con MalaTesta Lit. Ag. Milano.
Tratto da un podcast Storielibere.fm.

First published 2019 in Italian under the title: Il Gorilla ce l'ha Piccolo

Published by K.K. HarperCollins Japan, 2021

生きものたちの「かわいくない」世界
動物行動学で読み解く、進化と性淘汰

CONTENTS

第2章 求愛

第3章 性行為

第4章 浮気

第5章　家族

第6章 社会

第7章 暴力と逸脱

第8章 老い、死、そして愛

＊本文中の〔　〕は訳注を示す。

Illustration
Takashi Koshii

BookDesign
albireo

はじめに

「どうしてだろう？」

地球上のすべての生物は、驚くべき能力を持っている。チーターは時速100キロで走り、マッコウクジラは水深1000メートルで獲物を追い、アリは体重の100倍の重さを持ち上げ、ワシは上空から1本の髪の毛を見分け、サメは海のなかで微量の血液を感知する。そしてヒトは言葉を話し、3歳にもなると、あらゆることに「どうしてだろう？」と疑問を抱くようになる。私の息子の疑問も尽きることがない。


「パパ、どうして空は青いの？」

「いい質問だ！　太陽の光はたくさんの色でできているんだけど、そのなかでも青がいちばんゆっくりと空を横切るんだ。だから空は全部青く見えるんだよ」

「じゃあ、どうして太陽の光はたくさんの色でできているの？」

「ええっと、それはね……光っていうのは、空間を伝う電磁波なんだ。人の目が捉えることのできる光線は400から800ナノメートル、つまり790から435テラヘルツの周波数。それが紫から赤までの色にあたるんだ。つまり虹の色だね！」

こうなると、次は電磁波や超空洞についての質問が飛んでくるので、私は力ずくで息子の口をふさぐか、インターネットで答えを検索しなければならなくなる。

いわゆる〝なぜなぜ期〟の子どもたちは、何らかの疑問を持つと、その根本にある原因を探ろうとする。しかし、これは子どもに限った話ではない。身の回りで起きている物事のメカニズムを知ろうとするのは大人も同じだ。だが、導かれる答えは、それを知ろうとしている人によって異なるだろう。ここで、少しややこしい例を挙げてみよう。

なぜ私たちは恋をするのだろうか？　好きな人のことを考えると、お腹《なか》のなかでチョウが飛んでいるような気分になるのはなぜだろう？

医学的な観点からの答え。

「お腹のなかのチョウは、前帯状皮質背側部、島皮質、扁桃《へんとう》体、側頭頭頂接合部、尾状核、側頭葉など、脳内の12の領域が活性化することによって発生する」

心理学的な観点からの答え。

「お腹のなかのチョウは、フロイトが説いた自我の3つの状態――親、大人、子ども――が、思考、感情、行動において一致したときに感じられる」

化学的な観点からの答え。

「お腹のなかのチョウは、私たちの体から発散されるその人固有の香りであるフェロモンによって呼び起こされる」

宗教的な観点からの答えも見ておこう。

「お腹のなかのチョウは、創造物に対する神の至上の愛が最もよく表現されたものであり、その深い思いの表れだ」

進化生物学者だったら、こう言うだろう。

「恋とは、ただひとりの性的なパートナーを持つことだ。たとえそれが数年、あるいは数カ月の関係だったとしても、恋は私たちの種にとって役に立つ。なぜかというと、子育てという行為は、人がふたりいなければできないほど困難なものだからだ。子育てを成し遂げることができれば自分の遺伝子は次の世代へ受け継がれ、それができなければ自分の代で途絶えてしまう」

物事のメカニズムを知りたいと思う好奇心は同じでも、誰が、どのように、なぜそれを知ろうとしているかによって、答えは違ってくる。

恋をする根本的な理由は、医者にとっては脳の構造にあり、心理学者にとっては無意識の心的表象にあり、化学者にとっては恋愛にかかわる分子にあり、司祭にとっては神にある。生物学者にとって、恋は常に進化にかかわるものなので、「恋愛感情が進化に及ぼしてきた影響」こそが研究対象となるのだ。生物学者にとって、進化は生命を理解するための鍵である。だが、そもそも進化とはどういうものなのだろう?

チャールズ・ダーウィンが定義した「進化」のメカニズムを理解する際に、キーワードとなるのは〝突然変異〟と〝淘汰《とうた》〟だ。

白いチョウが白樺《しらかば》の木にとまり、木の色に完璧に擬態している様子を想像してほしい。白いチョウが続々と生まれてくるなかで、遺伝的なエラーによって黒いチョウが生まれることがある。これが突然変異だ。黒いチョウは白樺の木にとまっても、擬態することはできない。いずれ飛んできたツグミに見つかって、黒いチョウは食べられてしまう。まさしくこれが、すべてのチョウを白く維持する淘汰の働きである。

その後、白樺の森の近くに、石炭を燃料にして機械を動かす工場ができたとしよう。白樺の森は徐々に煤《すす》に覆われ、黒くなっていく。

すると今度は、黒い木にとまった白いチョウが目立つようになり、ツグミの格好の餌食になる。このままだと白いチョウは全滅してしまうが、あるとき、偶然にも黒いチョウがふたたび現れる。自然淘汰によって叩《たた》きのめされながらも、黒いチョウになる遺伝子は残っていたのだ。工場が稼働しつづけるあいだ、白いチョウは黒い木にとまっても目立たないので、ツグミに見つかることはない。工場が稼働しつづけるあいだ、白いチョウの群れは淘汰され、群れはしだいに黒いチョウに置き換わっていく。生物が環境の変化に適応することで進化し、姿を変えていくプロセスを簡単に説明すると、以上のようになる。

進化のメカニズムを理解するにあたって、頭に入れておくべきもうひとつのキーワードは〝性〟である。黒いチョウの生涯は、子どもを作って初めて報われる。すべての生物の目的は、自らの遺伝的遺産を後世に伝えつづけることだからだ。

生物が進化を遂げるのは、生存するためだけでなく、繁殖を有利に行うためである。つまり、最も大事なのは遺伝子の完成度ではなく、子どもをこの世に生み出す能力といえる。その能力がなければ、最高の遺伝的遺産すらも消滅してしまうだろう。進化生物学者が常に性を重視するのはそのためだ。しかし、私が生物学を学ぶことにした理由はほかにある。

私の生物学への愛は、あらゆる動物に対する説明がつかない好奇心から来ている。〝説明がつかない〟と言ったのは、家族のなかでなぜか私だけが、昆虫やトカゲやネコやコウモリを家に連れて帰る変わり者だったからだ。春にミラノ郊外で集めたミドリヒキガエルの卵から、無数のオタマジャクシがかえり、ヒキガエルになったものだ。幼い私は疑問に思っていた。なぜカエルは沼に卵を産むのだろう？　なぜお母さんガエルは卵の世話をしないのだろう？　なぜオタマジャクシは変身してカエルになるのだろう？

フリウリ＝ヴェネツィア・ジューリア州にある祖母の家で夏のバカンスを過ごすとき、私の情熱は最高潮に高まっていた。来る日も来る日も、家畜小屋や森や小川で小動物を探しつづけた。

当時、祖母の家の近くには、包丁を作る鍛冶場や絹を紡ぐ紡績工場に送電するため、きれいな水が流れる用水路があった。送電の必要がなくなってからも、畑に水を引くために使われていたが、たまに手入れのためにせき止められることがあった。そんなとき、私はバケツを持って、今にも干からびそうになっている魚を助けに行っていた。そして、魚を小川に放す前に数匹を家に連れて帰り、中庭の真ん中にある大きな水槽に入れては、何時間も眺めながら考えていた。なぜあの2匹はいつも一緒にいるのだろう？　なぜあの1匹は追いやられてしまったのだろう？　なぜ追いやられた1匹は、ほかの魚よりも先に餌を食べるのだろう？

周りの大人を質問攻めにしたが、答えは出ないままだった。尽きることのない好奇心を満たすためか、あるいは単に、生きとし生けるものへの大いなる愛のためか、高校を卒業した私は生物学者になる道に進もうと決意した。生物学者は、遺伝学、生化学、生理学、生態学といった分野で生命を研究するのが王道だが、私は大学で動物行動学を専攻し、ヨウムの音響コミュニケーションに関する研究に励んだ。将来の就職先という点で考えれば、そんなニッチな研究を選ぶのは自殺行為でしかなく、うちの母はどうしてもっと稼げる分野を選ばなかったのかと未《いま》だに思っている。とはいえ、進化の観点から動物の行動を研究することは、動物だけでなく、私たちヒトについて学ぶことでもあるのだ。

ヒトの驚くべき能力である言語機能を例に考えてみよう。私たちはシンプルな音を使って、自分の気持ちを他人の心に届けることができる。そして、知識や感情を共有したり、たくさんの嘘《うそ》をついたりもする。1968年、アメリカのふたりの科学者が、ヒトの言語機能の特徴を次の4つのポイントにまとめた。

(1) 再帰性

限られた音によって、無限の言葉を作ることができる。言語によって数は異なるが、だいたい20から30の基本的音素（A、B、C、D……）を組み合わせた音声アルファベットによって、無限の言葉を作り出すことができる。

（2）意味論性

言語機能は、音素でできた言葉と対象を結びつける。私が「電車」と言えば、相手の頭に浮かぶのは、線路を走る車両だ。

（3）恣意性

「電車」という言葉と電車そのものには、何の関連性もない。それを「シュッシュッポッポ」と呼べば関連性が生じるかもしれないが、それは「電車」と呼ばれる。

（4）文法性

決められた文法の規則に従うことで、新しい文章を無限に作り出すことができる。これによって、ヒトの言語機能は非常に洗練されたものになる。私が友人に「私は山に行くだろう」、または「私は山に行った」と言う場合、文中のふたつの音素（くだろう――った）を変化させるだけで、友人は私が山にまだ行っていないのか、もしくはすでに行ってきたのかを判断できる。

動物行動学は、動物がこれらの4つの特徴のうち、少なくとも3つを持っていることを教えてくれる。実際に私がミラノ大学で研究していたズアカハネナガインコは、11の基本的音素によって、複雑なデュエット、コンタクトコール、警戒音など、彼らの社会で機能するあらゆる無限の音を作り上げていた。つまり、動物は再帰性を持っているのだ！

ベルベットモンキーは、サバンナに生息する灰緑色をした小型のサルである。この動物が脅威となる捕食者の種類によって鳴き声を使い分けることは、古くから知られている。見張り役が「ヘビに気をつけろ!!!」と叫べば、ほかの仲間は草むらを警戒し、「ワシに気をつけろ!!!」と叫べば、空を見上げる。そして「ヒョウに気をつけろ!!」と叫べば、仲間は方々に散っていく。

ひとつの音に特定の意味を持たせることで、このサルは意味論性を獲得したといえる。ベルベットモンキーが捕食者を見て出す警戒音と、捕食者そのものには何の関連性もない。そのため、恣意性も持っているといえる。それでは文法性はどうだろうか。

ノーム・チョムスキー博士が自身の説の前提としているとおり、文法はヒトのＤＮＡに組み込まれているものなので、また別の話になる。文法があるおかげで、ヒトの音声コミュニケーションはほかの動物と比べ物にならないほど洗練されている。しかし、動物の世界にも実に洗練された嘘が存在するのをご存じだろうか。

クロオウチュウはアフリカに生息する鳥だ。全身が黒く、尾は二股に分かれている。そして、ミーアキャットは半砂漠地帯に生息する小型哺乳類で、草むらや砂地、石の下にいる栄養たっぷりの昆虫を探して過ごしている。クロオウチュウは、そんなミーアキャットをじっと観察している。クロオウチュウとミーアキャットのあいだには、捕食者を発見したときに警戒音を出し合い、どちらも安全な場所に逃げられるようにするという一種の協定があるのだ。

この協定はおおむねうまく機能しているが、クロオウチュウはたまに嘘をつく。クロオウチュウはミーアキャットがおいしそうな獲物を手に入れたのに気づくと、捕食者が現れていないにもかかわらず警戒音を出し、逃げ出したミーアキャットが落としていった獲物を盗むのだ。このように、動物たちのあいだでも、嘘をつくために特定の意味を持つ音が使われている。

ヒトの言語機能を特異なものにしているのは文法である。しかし、ヒト以外の動物が発する音にも複雑な特徴が見られるので、その特徴を調べれば、私たちヒトが持つ〝驚くべき能力〟がどのように進化したのかがわかる。つまり、人間についての理解を深めるためには、動物が大いに役に立つのだ。

ゴリラのアレは○センチ

私が初めてゴリラを見たのは、中央アフリカ共和国とコンゴ共和国の国境にある森を訪れたときのことだった。狩猟採集民であるふたりのピグミー族（バヤカとも呼ばれる）が、マチェーテで手際よく森を切り開きながら案内してくれた。私たちの目的は、マックス・プランク研究所が9年にわたって調査をしたために、人間に慣れてしまったニシゴリラの群れを撮影することだった。

森を歩きはじめて数時間後、ゴリラの家族が一晩を過ごしたと思われる寝床を発見した。子どもを連れた数匹のメスに遭遇したのはその直後だった。私はその美しい姿をうっとりと眺めながら、望みがかなった幸せを嚙《か》み締めたが、事前にガイドからこんな警告を受けていたことも思い出した。

「群れを率いる大きなオス、マクンバに会っても、動いたり睨《にら》みつけたりしないでください。敵だと思われたら、殺されてしまうかもしれませんから」

「わかりました」

体長2メートル、体重180キロの巨体でありながら、ネコのように俊敏なオスのゴリラを睨んではならない。妻たちを奪いに来たと勘違いさせる恐れがあるからだ。

やがて、どこからともなくマクンバが現れ、私たちと彼の家族のあいだに立ちはだかった。部外者である私は瞬間的に目をそらし、身を小さくした。履いていた登山靴の先をじっと見つめながら、彼に受け入れてもらえることを願ったが、そう簡単にはいかなかった。

マクンバは自分の力を見せつけようと低木につかみかかり、まるでスティック状のパンを折るかのようにそれを折った。さらに幹を叩いて枝を引きちぎり、声をあげながら走り出したのだ。一歩踏みだすたびに地面が振動する。だがしばらくすると、マクンバは急におとなしくなった。満足するまで力を見せつけることができたうえに、私たちが敵ではないと理解したのだ。

私はようやく力を抜いて、威厳に満ちた美しいマクンバに目を向けた。頭部は赤茶で、背中から踵《かかと》にかけて銀色の毛で覆われている。まるで、エレガントなパンツを履いているかのようだ。マクンバから連想される言葉といえば、強靭、巨大、パワフル。太腿《ふともも》の裏の大腿《だいたい》二頭筋だけで、私の太腿くらいの幅がある。両腕を広げると約3メートルにもなり、胸板はフライパンのように固そうだ。

けれども、そのたくましさのなかに違和感を覚えた。なんと、ペニスがないのだ！　正確には、ないというわけではない、あるにはあるが……見えないのだ。2メートルの体長と、180キロの体重を持つおとなのゴリラのペニスの長さは、3センチ。しかも、勃起した状態で！

なぜなのか？　なぜ自然はゴリラをこんなにみじめな目に遭わせたのだろう？

体長2メートルになる
おとなのゴリラのオス

この問いに答えるために、ゴリラだけでなく、ヒトを含むすべての動物の性に関する、面白い物語を紐解《ひもと》いてみよう。それによって、これまで医師にも神父にも臨床心理士にも明らかにされなかった、ヒトの性の秘密が判明するかもしれない。この話題を進化生物学の観点から扱うのを嫌がる人もいるはずなので、少し危険なテーマではある。実際、私の友人のアンジェラも、本書に先駆けて公開されたポッドキャスト版を初めて聞いたあとでこう言った。

「人間と動物を同列には語れないわ」

なぜだろう？　私たちは動物だ。ジャレド・ダイアモンド博士が、『人間はどこまでチンパンジーか？　人類進化の栄光と翳《かげ》り』（新曜社、1993年）で語っているように、私たちは地球を支配している「裸のサル」だ。文明を作り上げ、戦争をし、大聖堂を建設し、宇宙に行き、歌い、踊り、絵を描き、夢を抱き、発明するサルなのだ。

私たちのあらゆる能力と振る舞いは人間特有のものではあるが、ダイアモンド博士が言うように、「それらはほかの種から直接受け継いだものであり、進化の避けられない法則を経て、私たちのもとにたどり着いた」のだ。

先ほど言語機能の話でも触れたことだが、だからこそゴリラやワニやオウムといった動物たちは、私たち人間がどのような存在であるかを教えてくれる。しかし、それは、人間が地球の外から来た宇宙人のような視点を持ち、「万物の霊長」という高みから降りる謙虚さを持っているときだけだ。

本書を世に送り出すことを思いついたのは、何年も前に同じテーマを扱ったテレビ番組の制作に携わったときのことだ。自分からやりたいと言ったわけではなかったが、大学卒業後、私は放送作家および番組司会者として、テレビ番組の制作にかかわるようになっていた。

イタリアのテレビチャンネルである「LA7」では、プライムタイムに放送された『Missione natura（ミッション・ネイチャー）』の脚本と番組の進行を7年間担当した。この番組は、動物や雄大な自然、そして人間たちの物語を現地から伝えるというものだったが、それは大学の教員時代にしていたことの延長のようなものだった。

テレビの世界に飛び込む前から、私は辺境の地に赴き、野生動物とともに過ごしながら彼らを研究し、そこで得た知識を学生たちに教えていた。そう、たしかに私は「教えて」いたが、正確には「語っていた」と言ったほうがいいかもしれない。自らの体験を通して、生物学や動物行動学について生徒たちに語っていたのだ。

「LA7」での番組が終了すると、「Sky」と「Mediaset」から新しい番組制作の依頼が来た。Ｓｋｙでは、イタリアのファミリー層に科学の面白さを伝える中心的な役割を果たしていた『DeA Sapere』の司会を務め、Ｍｅｄｉａｓｅｔではゴールデンタイムの3番組『Life:Uomo e Natura（ライフ――ヒトと自然）』、『Alive:storie di sopravvissuti（アライブ――生存者の物語）』、『La settima porta（七番目の扉）』を任された。幸運なことに、現在も「Ｃａｎａｌｅ 5」で『Melaverde（青りんご）』の司会を務めさせてもらっている。

これまで担当した番組は、どれも少しお堅い雰囲気だったので、〝生きものたちの「かわいくない」世界――ゴリラのアレが小さいわけ〟と題した企画書を書き、名のあるマスコミ関係者に売り込んでみたが、なかなかいい返事はもらえなかった。すっかり困り果てていたときに出会ったのが、ロッサーナとジャン・アンドレアだ。

当時、ふたりはテレビ用コンテンツを作る小さな会社を設立したばかりだった。私は彼らとともに番組フォーマットの執筆と企画にとりかかった。けれどもある日、「ポッドキャストが聞けるプラットフォームを開設することにした」とふたりに言われ、私は少しとまどった。ポッドキャストとは……？

ふたりの説明によると、ポッドキャストとはインターネットでダウンロードできる音声ファイルのことで、発信する側はどんなテーマについて話してもいいという。この新しい伝達手段を使って科学を広めたいと思い、温めていたアイデアを提案したところ、ロッサーナとジャンは大いに賛成してくれた。そこで、私はタイトルに少し手を加え、伝えたいことを一気に書き上げて、レコーディングスタジオに向かった。

そのときはリハーサルだったのだが、何かが足りない気がした。もっとはっきり言うと、この物語の旅に同行してくれるパートナーがいればいいのに、と思ったのだ。頭に最初に浮かんだのは、テルモ・ピエバニ氏だ。大学教授であり、科学の偉大な普及者であり、作家であり、進化論の最も優れた専門家のひとりであり……要するに手の届かない存在だ。それに、ピエバニ氏は知り合いではなかった。何年も前にビコッカ大学で見かけたことがあるだけだ。そういうわけで、彼が一緒に番組を作ってくれるはずがないと思っていた。それにもかかわらず、彼がオファーを受けてくれたこと、そして前半の6つのエピソードを一緒に録音してくれたことには心から感謝している。

後半の6つは、私と同じ生物学者で、科学専門書の出版社のトップを務めるミケーレ・ルッツァット氏の協力を得て録音された。タイトルのせいか、テーマのせいか、はたまた共演者のせいか、とにかくストーリア・リーベレ社が最初に作ったポッドキャストのひとつである『生きものたちの「かわいくない」世界』は好評を博した。

本書はその書籍版だ。より深い洞察、逸話、物語を盛り込んだので、ポッドキャスト版とは大きく異なるものになっている。今回は共演者がいないので、読者であるあなたと私のふたりきりだ。物語を始める前にひとつだけお伝えしておきたい。

あなたは本書を読みながら、私の友人のアンジェラのように、ときどき首をかしげたくなるかもしれない。ヒトは本質的に一夫多妻制なので、あくまでも恋愛は子育てを目的とした一時的な性的一夫一婦制を作るためのものであり、子どもが巣立ったら消えてなくなる――そんなふうに言われたら、違和感を覚えるかもしれない。人々にとって愛とは、甘い言葉であり、ロマンであり、信仰だからだ。

私は宇宙人のように、進化生物学者としての客観的な立場から、人間をほかの地球上の動物たちと同列に見ているが、だからといって恋をしないわけではない。むしろ、ついこのあいだ恋をしたばかりで、今もお腹のなかでチョウが踊っているのを嬉《うれ》しく思っているぐらいだ。

第1章

オスとメスの戦争

LA GUERRA DEI SESSI

生物が進化を遂げるのは、生存するためだけでなく、繁殖を有利に行うためである。性欲は、交尾によって繁殖するすべての生物の行動を導く力だといえる。40億年のあいだに、性欲はたくさんの生物を生み出し、世界をより複雑に、そして大所帯にしてきた。そのあいだ、オスとメスは静かな戦いを繰り広げてきた――。いわば、オスとメスの戦争だ!

――ポッドキャスト版
『生きものたちの「かわいくない」世界』

多様性を促す性交

ミミズ、アメーバ、魚、昆虫、ナメクジ、そしてクジラ――バクテリアからヒトまでのすべての生物は繁殖に追われている。ただし、繁殖は必ずしも性と結びついているわけではない。

たとえば、ウイルスはひとつの細胞に付着したあと、自らのDNAを注入し、同じウイルスが数千個できあがるまで、何千回も複製を繰り返させる。そして、ほかの細胞でも同じことを繰り返す準備が整うと、侵入したその細胞を破裂させる。このとき、性別という概念は存在しない。

ウイルスに雌雄はないが、ひとつのウイルスが何百万、何十億もの数に及んで複製される。バクテリアも同様だ。ひとつが分裂してふたつのクローンとなり、それが4、8、16と増え、何十億もの同一のバクテリアが生まれる。ここでは〝同一〟というのがキーワードだ。

交尾によって繁殖する生物のほとんどが自分のコピーを作ることができないのは、繁殖するために、自分に似た別の存在が必要だからだ。

このタイプの生物には、オスとメスのふたつの性別がある。繁殖するために巡り合い、自分たちの遺伝的遺産を結びつけなければならない似通った存在だ。それらは漫画『ドラゴンボール』のキャラクターのように融合するのではなく、それぞれがもう一方と接合できる生殖細胞である配偶子を生成する。

メスは、オスの精子を受け取ることができる大きな卵を作り出す。卵には完全な個体を生成するために必要な遺伝子情報が半分しか含まれておらず、その点で配偶子は奇妙な細胞だといえるだろう。遺伝子の半分を母親が、残りの半分を父親が持っていて、双方の遺伝子が出会って融合すると、その遺伝子を生成した個体とはまったく異なる個体が形成される。〝異なる〟というのが、ここでのもうひとつのキーワードだ。

なぜこんなにややこしい仕組みになっているのだろう？　繁殖が生まれながらの欲求だというのなら、単独で繁殖したほうがいいのではないか？

しかし、答えはノーだ。私たちは〝多様性〟のおかげで進化し、時間とともに変化することで生き延びているからだ。わかりやすく説明するために、悲しい例を挙げてみよう。まず、この地球上のすべての人間が「同じ」だと想像してみてほしい。とりあえず、地球上に何十億人ものシャーリーズ・セロンがいて、彼女たちが自分を複製して別のシャーリーズ・セロンを生み出しているとする。ある日、ウイルスが流行《はや》りだすが、誰ひとりとして免疫を持っていない。すると一瞬のうちに、私の愛する女優は地球上から姿を消すことになる。

現在、世界中で猛威を振るっているコロナウイルスは人間が初めて遭遇するものなので、私たちにとって脅威である。それでも、この地球上にふたりとして同じ人間がいないおかげで、ウイルスは人間を絶滅させることができない。多様性のなかに生存と進化の秘密がある。そして、性交は多様性を生み出す原動力なのだ。

オスチームとメスチームのゲーム

性交とは、オスのチームとメスのチームに分かれて対決するゲームだ。戦略はチームごとに異なるが、オスとメスはともに繁殖を最終目標としている。オスは父親になるにあたって、低コストの細胞である精子をほんの少しメスに投資するだけでいい。一方で、メスは決して無駄にできない、大きくて、栄養豊富で、数に限りがある卵を使わなければならない。オスとメスのあいだに〝戦争〟が起きるのはこのためだ。

ヒトの男女には、親になる際のエネルギー投資に大きな差があるため、この戦争の仕組みを説明するのに最適な例だ。男性は、ひとつの精子さえあれば父親になれる。精液1ミリリットル中には約2000万個の精子が含まれており、一度に射精される精液量は2ミリリットルから6ミリリットル。つまり、射精するたびに4000万個から1億2000万個の生殖細胞が生成される。理論的には、一度の射精で何千万人もの子どもの父親になれる可能性があるということだ。私の体内では10代のころから休むことなく精子が作られているが、年をとってもそれは変わらないだろう。

一方で、女性の卵子の数には限りがある。母親の胎内にいるときの卵子の数は約700万個だが、その後、新しく作られることはない。その数は出生時に約200万個になり、月経が始まると卵巣のなかの卵母細胞は約30万個にまで減少する。思春期から閉経にかけて、卵巣は成熟した卵子を約500個放出するが、初潮が12歳、閉経が54歳、そして放出される卵子が毎回ひとつずつだとすると、一生のあいだに妊娠に結びつく可能性のある卵子の数はかなり限られる。それに対し、男性は生まれてから死ぬまでのあいだ、休むことなく何億個もの精子を作り出す。親になるための投資、つまり親になるための努力は、もちろん生殖細胞の生成だけにとどまらない。

一度の性交によって、1億2000万の精子すべてが女性の体内に入り、ただひとつの卵子の準備が整っている場合に受精が行われる。男性はこの時点で努力を放棄しても、一切のエネルギーを消費することなく父親になれるが、女性はその後もエネルギーを消費しつづける。

子宮に着床した受精卵は胎児となり、胎児は9カ月もの長いあいだ、胎盤を通じて成長するために必要な栄養と呼吸するための酸素を、母体の血液から吸収しつづける。そしてこの世に誕生すると、離乳するまでの数カ月間、母親の乳房に張りついている。父親がいない場合、赤ちゃんは少なくとも15年間、唯一の親である母親のもとであらゆるサポートを受けながら成長する。このように考えると、ヒトの男性が持ち得る子どもの数は非常に多いが、女性が持ち得る子どもの数は非常に少ないといえる。

私は好奇心から、歴史上で最も多くの子どもを持った男女をインターネットで調べてみたことがある。それによると、男性で最も多くの子どもを持ったのは、1672年から1727年までモロッコのアラウィー朝を統治し、その残虐さでも名を馳《は》せた皇帝ムーレイ・イスマーイール。

当時のフランスの外交官の手記によると、皇帝には500人の側室がいて、彼女たちとのあいだに868人の子どもをもうけ、そのうち女児が343人、男児が525人であったという。しかしその数に関しては、888人、1042人、1171人といったいくつかの説がある。このとてつもない数字には言葉もないが、正直なところ、500人も側室がいれば、私も似たようなことをしていたかもしれない。

個人的にこれよりもっと驚いたのは、18世紀にロシアのシューヤに住んでいたある女性の話だ。彼女は双子の出産を得意としていて（もしくは、双子の出産を強いられていたというべきか……。表現はお任せする）、69人もの子どもを産んだという。これらのとんでもない数字――モロッコの皇帝の子ども868人と、ロシアの女性の子ども69人――を比較すると、圧倒的に男性が多い。モロッコの皇帝に1000人の側室がいたとしたら、彼はそれほど苦労せずにもっとたくさんの子どもを持てたかもしれないが、ロシアの女性が自身の記録を破ることはできなかっただろう。

私たちヒトの性は、自分と同じ遺伝子を持つ者を残せればいいという単純なものではないが、ヒトの行動の大部分をつかさどる性欲が、ほかの生物と違うと思ってはならない。進化において、性欲が果たす役割は実に大きい。性欲を強く感じた生物だけが子孫を残せるのだ。

進化の観点から考えると、カエルや魚やシカやヒトの生涯が報われたか否かは、作った子どもの数による。本書の導入部で触れた白いチョウと黒いチョウの話のように、細菌、海藻、植物、菌類、そして動物は、素晴らしい遺伝的遺産を持っていても、繁殖に失敗すればその遺産は自分の代で消滅してしまう。

だからこそ性欲は生物を交尾に駆り立てるのだが、これまで見てきたように、オスは親になるにあたって何も捧《ささ》げず、一方のメスは多くを捧げる。理論的には、オスはあらゆるメスと交尾をすることで進化競争に勝つことができるが、メスは産んだ子どもが生き残り、繁殖することを保証してくれるオスとだけ交尾をする。

オスとメスのゲームにおいて、メスが選ぶ立場にあり、オスが選ばれる立場にあるのはこのためだ。

最強を求めるアカシカ

メスは最高の遺伝子を持っているオスか、繁殖において自分と同じぐらいの苦労をしてくれるオスを選ぶ。では、そのオスが最高の遺伝子を持っているかどうかを、メスはどのように見分けているのだろう？　最も判断しやすい基準は、オスの凶暴性だ。

夏が終わりに近づくと、日が短くなり、夕方には風が涼しく感じられるようになる。そんなころ、森のなかから激しいうなり声が聞こえてくる。アカシカの咆哮《ほうこう》だ。

１年の大半を単独で、もしくはほかのオスと過ごしていたオスのアカシカは、交尾の準備を整えたメスを求めはじめる。繁殖期がやってきたのだ。オスは自分の魅力をアピールするために尿をまき散らすので、空気中にはテストステロンのにおいが漂っている。うなり声や力強い鳴き声は、自分の体の大きさを相手に伝える。声の響きが深いほど、それを発する動物の体は大きいからだ。その声を耳にした小さな動物は、危険を避けるべくすぐさま逃げていく。

この時期になると、やわらかい草木からの栄養で１年かけて成長してきた大きな角は、硬く鋭くなり、いつでも戦いに使える凶器と化している。深い響きのある声と太い首を持つ、年をとったオスの周りにメスが集まってくるが、森のなかからもう1頭のオスが出てくる。そのシカも同じぐらい大きくて強そうだが、もう一方のオスよりも若い。

年長のアカシカは彼を見て、自分に近づくのを諦めさせようと、角と前足で地面を掘りはじめる。しかし、若いアカシカは怯《ひる》むことなく近づいていく。やがて2頭はそろそろと向かい合い、互いを観察しながらにおいを嗅ぎ合う。どちらが強いかを知ろうとしているのだ。

どちらも引き下がらない場合には、戦いが始まる。2頭は向かい合って後ろに下がると、頭を上げ、助走をつけて正面からぶつかり合う。衝突による激しい音がそれぞれを怯《おび》えさせ、角の先端が肌や目をかすめ合う。2頭は全体重をかけて押し合い、鋭い角を相手に突き刺そうとする。

若いアカシカの力はたしかに強いが、年長のアカシカも依然として活力にあふれている。何より、これまで幾度も激しい戦いをくぐり抜けてきた経験があるので、若いアカシカでは歯が立たない。押さえつけられた若いアカシカは身をよじり、角で突かれるリスクを冒しながらも必死に腰を突き上げて抵抗するが、ついには飛び跳ねながら逃げ出した。年長のアカシカの勝ちだ。

メスたちはその戦いを冷静に見守っていた。年長のアカシカが負けていたら、メスたち

ハーレムを守る
アカシカのオス

は彼を見捨て、若いアカシカを選んでいただろう。交尾のあと、メスは子育てに関してオスから何の助けも得られないが、最強の遺伝子を持つオスの子どもは父親がいなくても生き残るため、問題にならない。

このように聞くと、オスはずいぶん楽だと思うのではないだろうか？　だが、ハーレムを持つオスには、それを運営し、管理し、守るという義務があり、そのためには食事や睡眠の時間を返上して、戦いにすべてを注がなければならない。しかも、たくさんの精子を持つ強いシカの一生には体力が欠かせない。そのような日々に耐えられるオスはせいぜい数頭なので、決して楽とはいえない。１００頭いるシカのうち、繁殖できるのは1頭だけだ。ほかの弱いシカは、繁殖する強いシカを眺めることしかできない。

洗練を選ぶクジャク

子育ての援助を求めない代わりに最強のオスを選ぶ、というメスの戦略は、哺乳類においては一般的であり、ゾウアザラシ、ライオン、インパラ、アイベックスなどにもあてはまる。たしかに、最強の動物が最強の遺伝子を持つことは容易に理解できる。だが、なかにはより洗練された選択をする動物がいる。たとえばクジャクだ。

私が初めて野生のオスのクジャクを見たのは、インドのバンダフガー国立公園を訪れたときのことだ。トンマーゾという少し融通の利かない作家と一緒に、テレビ番組『ミッションン・ネイチャー』のロケをしていた。撮影していたのはトラの特集だったが、私たちは園内にいるすべての動物――アクシスジカ、クマ、サンバー、クジャク――をカメラに収めた。野生のクジャクと私のツーショットを撮るアイデアにトンマーゾが乗ってくれたので、私は意気揚々とクジャクに近づいたのだが、クジャクは長い飾り羽などものともせず、軽々と飛び去っていった。

それを見たトンマーゾはこう言った。「信じられない。どうしてあんな鳥が飛べるんだろう？　うまく飛ぶことなんてできないだろうに」私はそんなことを言う彼を憎らしく思いながら、照りつける太陽の下で何度もクジャクに近づいたが、そのたびにクジャクはどこかに飛んでいってしまった。動物の生態に詳しくない人からすれば、巨大な羽を持つクジャクが飛ぶなんて、たしかに不思議かもしれない。

クジャクのオスがあんな羽を持っているのはなぜだろう？　それは、メスが最高のオスを求めているからだ！　オスのクジャクはメスと出会うと、羽を扇形に大きく広げ、美しい模様を見せながら気取った足取りで歩く。

たいていの場合、メスたちは気のないふりをしているが、実際には気取って歩くオスをじっくりと観察している。オスは興味を持ってくれないメスに時間をかけられないので、メスの前で羽を開いたら背を向けて、飾りのない部分を見せる。興味を持ったメスはオスの前に立ち、細部までじっくりと観察する。
そのとき、オスは尾を高く上げてすべての羽を見せつけ、ときには勢いよく羽を振って、自分の強さをアピールする。羽の「眼状紋」、色の鮮やかさと輝き、そして頭上の冠羽。それぞれの形や色は見事に調和していて、将来のパートナーをうっとりさせるほど美しい。だが、メスの心はそう簡単に奪えない。ショーに惑わされることなく、すべてを値踏みする。

クジャクの飾り羽は数カ月にわたって成長しつづけるが、そのあいだに餌にありつけなかったり、病気にかかったりすると、短くなってしまう。羽に寄生虫がつけば鮮やかさがなくなるし、ダニがつけば眼状紋がぎざぎざになる。しかし、羽の状態が完璧であれば、そのオスは健康であるだけでなく、強靭《きょうじん》で、遺伝子も最高品質ということになる。これほどの大きな羽を持ちながらも、捕食者から無事に逃れつづけてこられたからだ。

メスはそういうオスに対しては、生まれてくる子どもが父親のように強くなると確信したうえで、身を任せることができる。つまり、クジャクの有名な飾り羽は嘘をつかない――というより、つくことができない。クジャクのメスもまた、オスの援助なしに子育てをしなければならない代わりに、強いヒナだけを手に入れられるのだ。

コクホウジャクは、アフリカに生息する鳥だ。オスは真っ黒な体をしているが、肩の部分だけ赤く、尾はクジャクが羨むほど長い。彼らは縄張りにメスを引き寄せるため、ゆっくりと華麗に宙を舞う。茶色がかった小さなメスは、通り過ぎていくオスに魅力を感じると、見返りを求めることなく交尾をする。

スウェーデンの動物学者マルテ・アンデルソンは、オスの尾をここまで長く進化させたのがメスであることを実証するために、次のような実験を行った。まず、多くの野生のオスを観察したあと、そのうちの数羽を捕獲し、尾を短く切ったグループと、元の尾にほかのオスから切り取った尾をのりで貼ったグループを作る。そして、通常の尾を持つオス、非常に長い尾を持つオス、尾の短いオスという3つのグループを自然に戻して観察したところ、案の定、最も繁殖に成功したのは、人為的に尾を伸ばしたグループだった。なんと、その季節に繁殖できたのは、そのグループのオスだけだったのだ。この実験によって、オスが独特の形体をしていたり、ハンディキャップを持っていたりするのは、メスに選ばれるためだと明らかになった。

肉体的ハンディキャップのあるカニ

シオマネキ属のカニのオスは、クジャクやコクホウジャクと同じようなハンディキャップを持っている。とはいえ、尾が異常に長いわけではなく、片方のハサミが極端に大きいのだ。バイオリンを持っているように見えるので、〝バイオリン弾きのカニ〟とも呼ばれている。巨大なハサミは敵と戦ったり、住処《すみか》を守ったりするのにも使われるが、それ以上に「メスを惹《ひ》きつける」という大きな役目を担っている。気の毒なことに、ハサミが大きければ大きいほど、オスは生き残るのが困難になるが、メスはよりいっそうオスに引き寄せられる。

クジャクやカニに関していえば、進化の原動力は環境ではなく、メスだ。ダーウィンは、メスによって導かれる進化のことを〝性淘汰〟と呼んだ。しかし、飾り羽や巨大なハサミなどの身体的欠陥を持って生き残ったオスだけにメスが身を委ねるとなると、オスはますます重荷を背負うことになる。避けられない自然淘汰がやってくるまでは。

極限に達した肉体的ハンディキャップは、その種を絶滅に追い込む危険をはらんでいる。ギガンテウスオオツノジカは、数千年前までヨーロッパから中央アジアまでの広い範囲にわたって生息していた巨大なシカで、背峰の高さは2メートル、オスの枝角は幅3・5メートルもあった。発見された最も古い化石は40万年前のもので、絶滅したのは約1万年前。絶滅した理由はよくわかっていないが、メスが求めたやっかいな角が関係しているといわれている。

氷河期の終焉《しゅうえん》を想像してみてほしい。気温が徐々に上がりはじめ、それまでは寒さのせいで成長しなかった木々が、ふたたびヨーロッパ大陸を覆いはじめる。ギガンテウスオオツノジカが絶滅した理由のひとつに、鬱蒼《うっそう》と木が茂る森のなかを移動するにあたって、巨大な角が邪魔になったからだとする説がある。その結果、氷河期の終わりに地球を支配しはじめた危険な捕食者、つまりヒトの餌食になってしまったという。

また、巨大な角が発達するには大量のカルシウムが必要だったため、角以外の骨のカルシウムが不足してしまったからだとする説もある。シカはさまざまなミネラルが含まれた草木を食べることで、不足したカルシウムの多くを補っていたが、温暖化によって動物と環境との絶妙なバランスが崩れたことで、草木を十分に食べられなくなり、骨の発達が妨げられてしまった。そのため、骨粗しょう症によって弱体化したシカは、ヒトの餌食になってしまったというのだ。

いずれにせよ、絶滅の引き金を引いたのが私たちヒトであることは間違いないが、武器を装塡《そうてん》したのはギガンテウスオオツノジカのメスである。

「ハンディキャップ理論」を初めて唱えたのは、イスラエルのアモツ・ザハヴィ博士だ。1998年、南アフリカ共和国のダーバンで開催された鳥類学の国際会議で博士にお会いしたとき、私は彼と妻であるアヴィシャグ・ザハヴィとの共著を読んだばかりだった。コンベンションセンターのロビーにいた私は、勇気を出してサインをお願いした。博士はとても親切で、ダーウィン主義と自然淘汰について語ってくれた。自然淘汰は理論上、最も機能的な体の器官を優先するはずなのに、シカやクジャクやカニに見られるように、例外も起こり得る。メスが最高の遺伝子を求めるがゆえに起こる異常とも思える進化は、個体の肉体的な構造に表れるだけでなく、何の役にも立たないと思われる多くの行動を引き起こす。

芸術家肌のフグ

私は以前、イタリアのテレビチャンネル「Ｒｅｔｅ４」で、『ライフ――ヒトと自然』という番組の制作と司会を担当していた。独自のドキュメンタリー映像に加え、ＢＢＣやディスカバリーチャンネルが撮影した素晴らしい自然の映像も紹介する番組だ。あるとき、脚本を書く準備をしていた私は、ＢＢＣが撮影したある映像を見て、それこそ椅子から転げ落ちるほど驚いた。

それは日本で撮影された映像だった。白い砂で覆われた海底で、小さな白いフグが口を使って砂を動かしている。不思議に思いながら見ていると、フグは穴を掘ったり、砂に息を吹きかけたりしはじめた。動きに合わせて控えめに流れていた軽快な音楽が、だんだんと盛り上がっていく。

当初、カメラはフグの姿だけを間近から捉えていたが、しだいに引いていき、徐々にフグが作っているものを映しはじめた。やがて波状の砂の溝が見えてきたが、フグが何をしているのかはまだわからない。音楽によって雰囲気が高まり、カメラがとらえる範囲が広がり、フグはどんどん小さく、砂の模様は大きくなっていく。

ついにカメラの動きが止まったところでバイオリンと管楽器の音が響き渡り、フグという偉大な芸術家による作品の全貌があらわになった。なんということのない小さな白いフグが、白い砂の上に、宇宙の広がりを思わせる曼荼羅《まんだら》を描いていたのだ。

あまりの衝撃に開いた口がふさがらなかったが、しばらくすると、ある疑問が湧いてきた。フグはなぜこんなことをしているのだろう？　どうしてオスの小さなフグが、1日のうちの24時間を、つまりはすべての時間を、波に消されつづける作品作りに費やしているのだろうか？

その答えもまた、性別と、メスによる最高の遺伝子の選択に関係している。フグのオスはこれほど儚《はかな》く複雑な作品を作り、保存するのに多くの時間を割きながらも、問題なく生きつづけ、獲物を追い、健康を保つことで、自分の遺伝子がいかに優れているかをメスに正直にアピールしているのだ。

ニワシドリ科（オーストラリアやニューギニアに生息するスズメ目の鳥）のオスは、日本のフグに匹敵する芸術的センスの持ち主だ。交尾をする以外に使い道がないというのに、素晴らしく美しい巣を作り、それを改良して過ごしている。

アオアズマヤドリは、編んだ小枝を組み合わせて、対になる壁と愛の小道を作り、果実、花びら、鳥の羽、カブトムシのさやばねなど、青いものだけを集めて飾りつけるのだ。プラスチックが普及する以前は、アオアズマヤドリが生息する森で、青は非常に珍しい色だった。メスは、その鳥の名が示すとおり、青いもので飾られたあずまやに本能的に惹きつけられる。

また、チャイロニワシドリは低木の周辺に小枝を使って小屋を建てると、黄色い花、白いキノコ、青い果実、排泄物《はいせつ》で作られた黒い玉、オレンジ色の花弁といったカラフルなものを集め、色ごとに山を作る。この山は本当に美しいので、ぜひYouTubeで検索してみてほしい。通りかかったメスはそれを見て、気に入ったらオスと交尾をする。そして交尾を終えると飛び去り、ひとりでヒナを育てはじめる。メスがオスの芸術的センスに惹きつけられるのは、フグと同じように、芸術的センスをオスの遺伝子の質と関連づけているからだ。

メスが最も優れた遺伝子を選ぶ際に基準となるものが、もうひとつある。年齢だ。20歳の人間が自分を美しく強く見せるのはたやすいだろうが、私のような56歳（もうすぐ57歳になる）の人間には、少々難しい。まあ、冗談はさておき、白いものが交じった髪に魅力を感じることがあるのは、何も人間の女性だけではない。ある程度の年齢を重ねたオスでも、十分な力を持ち、メスの視線を集められるのなら、質の高い遺伝子を持っていることになる。

しかしながら、動物のメスのなかにはクジャクやフグとは異なる戦略をとるものもいる。そうしたメスは、最高の遺伝子に狙いを定める代わりに、オスにも自分たちと同じくらい――ときには自分たち以上に――繁殖に献身的であることを求めるのだ。

持ち家を競うズグロウロコハタオリ

かつてウガンダ共和国を訪れ、川の蛇行部分でカバを撮影したときのことだ。水の流れが穏やかな浅瀬には、出産を終えたばかりのカバのメスがいた。スタッフ全員がメスと赤ちゃんの撮影に集中しているなか、私だけは別のものに釘付《くぎづ》けになっていた。

川の水面にせり出した小枝の上で、ズグロウロコハタオリのオスが、細長い草を編んで巣を作っていた。この鳥はスズメくらいの大きさで、体は黄色く、頭だけが黒い。目の前に生まれたてほやほやのカバの赤ちゃんがいるというのに、巣作りに没頭している鳥に気をとられるなんて、我ながらばかばかしいと思った。それでも、そのオスの熱意には本当に心を動かされたし、同時に不安を感じてしまった。

ふと、1羽のメスがそのオスを見ているのに気がついた。巣作りは始まったばかりだったが、あろうことか選んだ場所が川の真上の枝で、住むのに適しているとは言いがたい。地上の捕食者に襲われることはないだろうが、周囲にほかの巣がないので、ヘビが木を伝って登ってきたとしたら、真っ先にこの巣が標的になるに違いない。それでも、メスは近くでじっと様子を見ているだけだ。

オスは巣に爪を立ててしがみつき、くちばしを使って細長い草をせっせと編んでいく。思わず感心してしまうほど熱心なのだが、なんとも危なっかしい。ときどきバランスを崩してしまい、最初から編み直したりしている。

私は一緒にいたカメラマンのマッシミリアーノに、あの小さな建築家を撮ろうと説得しようかとも思ったが、やはりカメラに収めるべきなのは、母親の乳を飲んでいるカバの赤ちゃんだろう。巣作りを見つめていたメスは、気の毒なオスを無視して飛び去っていった。もしかすると、彼女も私と同じ気持ちだったのかもしれない。

ズグロウロコハタオリのメスは、より美しく頑丈で、安全な巣を作るオスを選ぶ。ふさわしいオスを見つけると交尾をして、そのオスと一緒にヒナを育てる。経験の浅い若いオスや、巣を作れないオスは繁殖することができない。ズグロウロコハタオリのメスの場合、最高の遺伝子ではなく、安全な巣と、子育てを手伝ってくれるパートナーを選ぶのだ。

一生つがいのオウム

ハタオリドリ科のつがいの関係はちょうど1シーズンで解消されるが、自然界には、生涯にわたってつがいの関係が続き、オスが特定のメスの配偶相手になるという珍しいケースもある。これに該当する哺乳類はほぼいない。基本的にこうした特徴を持つのは、アホウドリ、ペンギン、オウムなどの鳥類だ。

オウムは、複雑な音響コミュニケーションがとれる、社交的で賢い鳥だ。木に登ったり、脚先で巧みにものを掴んだりする器用さも持つ。オウムが一夫一婦制でなければ、つまりちょっとした過ちが彼らの世界にあったなら、サルに似た存在だといえたかもしれない。

幼鳥は親鳥とともに過ごし、飛び方、食事の仕方、コミュニケーション方法を学ぶ。親鳥と一緒にいる期間が過ぎると、生まれた巣から離れて、自分の時間を過ごすようになる。この頃になると、オスとメスは互いを観察し合うようになり、やがて愛が芽生える。誕生したつがいは、周囲から聞こえてくる音で曲を作って過ごすようになる。

数年前、フランスのある研究者が、コンゴ民主共和国の森で録音したオウムのつがいのデュエットを分析したところ、９種類もの鳥の鳴き声が使われており、なかにはオオコウモリの鳴き声も交ざっていたことがわかった。それはまるで、それぞれのつがいが森のなかで聞く音からヒントを得て、自分たちだけの曲を作っているかのようだった。

オウムのデュエットは非常に複雑で完成度が高く、時間をかけて作られる。私はかつて、飼育下にあるズアカハネナガインコのつがい二組の研究をしていた。一方は仲睦《なかむつ》まじく、すでに数羽の子をもうけていたが、もう一方は関係が始まったばかりで、巣作りも始めておらず、歌も未熟だった。

仲睦まじいほうのつがいの歌は、本当に見事としか言えなかった。デュエットが始まると、オスは羽を頭上に掲げて甲高く鳴き、メスは声を出しながら羽を上げてそれに応える。2羽は一瞬だけ沈黙したあと、羽を上げたり下げたりしながら歌いはじめる。

2羽の声は完全に同じ高さだったため、作成されたスペクトログラムを見てもオスとメスの区別がつかず、まるで1羽だけが歌っているかのようだった。つまり、オウムのデュエットは、オスとメスが絆《きずな》を強めるために音を合わせる、それぞれのつがい特有の歌と踊りなのだ。

私が研究していたズアカハネナガインコのデュエットは、ふたりのタンゴダンサーが互いの足を踏むことなくユニゾンで動いているかのようだった。充実した交尾とセットになっているデュエット（これについては別の章で触れることにする）は、オウムのつがいにとって、互いの絆を強固にし、永遠に続くものにするためのものだ。

オウムのつがいは歌を完成させると、繁殖にとりかかる。最初にするのは家探しだ。安心して卵を産めるように、居心地のいい乾燥した幹の穴を選ぶ。住む場所が決まると、2

羽でそれを守る。しかし、メスによるオスのテストはまだ終わっていない。事実、メスは交尾をする前に、オスに餌を取ってこさせるのだ。

私はタンザニアのタランギレ国立公園で、あるオウムのつがいを観察したことがあるが、オスが果実や種を素嚢《そのう》に詰め込んでサバンナと巣を行ったり来たりしているあいだ、メスはずっとアカシアの枝にとまったままだった。

オスは素嚢に蓄えていた餌を吐き出し、ヒナのように食べ物をねだるメスに食べさせる。メスはそのオスが自分とヒナの飢えを満たすことができるのを確認すると、卵を産むためにバオバブの木の穴に身を潜める。

このように、オウムのオスとメスは繁殖のコストを分け合っている。メスは卵を産んで守り、オスは妻子を養うために食べ物を巣に持ち帰る。アホウドリやペンギンもほぼ同様で、オスとメスが交替で巣に入り、卵を温めないほうがヒナに餌を運ぶ。

こうした鳥類のオスは、たくさんの精子を持ちながらも、繁殖、巣作り、敵からの防衛においてメスに協力しているわけだが、なかには究極の犠牲を求められる生きものもいる。メスに食べられ、エネルギー源にされてしまうのだ。

ウスバカマキリのメスは交尾中にオスを殺して食べ、その体を自分と卵の栄養分にする。一部のカマキリにおいては、このエネルギー備蓄が非常に重要になるため、頭が切り離されないと射精できないように進化したオスもいる。背筋が冷たくなるような恐ろしい話だが、決して珍しいことではない。なかには、自分の命を守るために、贈りもので危機を乗り切る生きものもいるのだ。

フリーライダーのヨーロッパキシダグモ

その名は、ヨーロッパキシダグモ。彼らにとって、交尾はまさに命がけだ。オスはまず、絹のふたつの小さな袋に射精し、触肢（触覚と感覚機能を持つ付属器官）でそれらを拾い集める。そして、精液のつまった袋を携え、常に空腹でいらいらしているメスを探しに行く。オスはメスを見つけると近づいていき、メスに触れ、後ずさりし、また近づいていく。しかし、メスに受け入れられたオスには、危険な作業が待っている。開かれたメスの腹部に精液のつまった袋を入れるために、メスの体の下に入り込まなければならないのだ。これは時間と繊細な動きを必要とする、命がけの作業である。メスの下に入れば一瞬で食べられてしまうからだ。

なかには、時間を稼ぎ、食べられてしまうリスクを減らすために、餌の贈りものを持っていくオスもいる。メスは餌を食べることに集中するため、自由に動ける時間をわずかだが手に入れられるのだ。贈りものを持っていった場合は90％という高確率で交尾できるが、贈り物がないとその確率は40%まで下がる。しかし、この戦略にはもっとうまいやり方がある。

交尾の時間は贈りものの大きさに比例するのだが、贈りものを絹で包めば、さらに交尾の時間を伸ばせるのだ。この場合の交尾の成功率は100%に近いが、なかには非常に抜け目のないオスもいる。中身が空っぽの絹の包みを作って贈り、メスに気づかれる前に受精をすませてしまうのである。いわゆる「フリーライダー」と呼ばれるもので、ずる賢く自分本位に行動し、相手に何も与えずに、最大の利益を得ようとする存在を指す。

進化がなぜこうした行動を招くようになったのかについては、性淘汰の話から少しそれてしまうため、あまり深入りしたくないが、一見したところうまくできているように思われるこの種の戦略も、ヨーロッパキシダグモのすべてのオスが行うようになれば騙《だま》されるメスがいなくなるので、じきに機能しなくなるだろう。たとえ使えそうな戦略だとしても、すべての個体が実行すればただちに罰せられるので、進化的には不安定なのだ。

ヒトに置き換えてみると、私たちの国にも、他人に損害を負わせて有利に事を運ぶフリーライダーがいる。それでも、地球上に広く生息する大型哺乳類であるヒトの社会には、評判、社会統制、制裁などがあるため、結局のところフリーライダーは常に少数派だ。

さて、ここまでの話をまとめてみよう。メスは繁殖に多くの投資をするので、交尾をするオスを選択する。最高の遺伝子を持っているか、子育てに自分と同じくらいの（もしくは自分よりも多くの）投資をするオスを選ぶのだ。

一夫一婦制と一夫多妻制

では、ヒトはどうだろう？　ヒトの女性はどのように男性を選ぶのだろうか？　彼女たちは最高の遺伝子を探したり、繁殖におけるコストを分け合える男性を求めたりしているのだろうか？

ポッドキャスト版を録音した際に、答えにくい問題に率先して答えてくれたテルモ・ピエバニ氏に隣に来てもらいたいが、今、私はひとりでパソコンの前にいるので、勇気を持って問題に立ち向かおうと思う。私たちが、家や橋や爆弾を作る裸のサルを観察している宇宙人だということを、今は頭に入れておいてほしい。

ヒトの女性が選ぶのは、子育てを助けてくれる男性なのだろうか？　それとも最高の遺伝子を持つ男性なのだろうか？　別の言い方をすればこうだ。私たちヒトにとって、一夫一婦制と一夫多妻制のどちらが適しているのだろうか？

雌雄の体の大きさの違いから、それぞれの種の社会的、性的構造を知ることができる。非常に大まかな法則に従えば、性別の見分けがつけば一夫多妻制だとされる。そして、雌雄の体の大きさの違いが大きければ大きいほど一夫多妻制の傾向が強まり、ハーレムも大きくなると言われている。

ゾウアザラシ属のオスは、体長6メートル、体重4000キロあるが、メスは体長3メートル、体重500キロしかない。このように雌雄の体の大きさの違いが際立っている大型のアザラシの場合、一夫多妻制の傾向が強く、オス1頭に対しメス100頭のハーレムを作ることができる。

一方、ライオンのオスは体重250キロ、メスは180キロだ。そして、オスにはたてがみがあるが、メスにはない。つまり、ライオンの雌雄には少ないながらも違いがあるといえる。そのためライオンのオスの場合、100頭は無理だとしても、10頭ほどのメスのハーレムを作れるということだ。

雌雄の体の大きさの「相違」が一夫多妻制を示すなら、雌雄の体の大きさの「類似」は一夫一婦制を示す。大学で働いていたころ、温室で生まれたオウムの性別がわからず、獣医に問い合わせたことがあった。今なら簡単なDNA検査をすればすむが、当時はオウムの腹部を切開して、睾丸《こうがん》や卵巣の有無を腹腔鏡《ふくくうきょう》で確認しなければならなかったのだ。

では、善良な宇宙人になりきって、裸の男女の写真を見比べてみよう。両者に違いはあるだろうか?

体の大きさを始め、筋肉量や体脂肪の分布、毛髪の量には明らかに差があるうえ、乳房やペニスなどの第二次性徴もはっきりしている。宇宙人の目から見ても男性と女性は見分けがつくので、〝ホモ・サピエンス・サピエンス〟には一夫多妻制の傾向があると考えられる。

ただし、そこまで際立った違いがあるわけではないので、たとえヒトの男性がハーレムを作ったとしても、非常に小さなものになるだろう。男性の性的特徴を、進化的に非常に近しいいくつかの生きものと比較してみると、別のことが見えてくる。

宇宙人でもわかっていることだが、ゴリラのペニスは小さい。勃起した状態でも3センチほどしかないなんて、自然はずいぶんゴリラにケチなことをしたものだ。睾丸もほとんど見えないくらいに小さい。

ゴリラの社会的、性的構造は一夫多妻制だ。つまり、オスはハーレムを持っていて、家族のなかにおとなのオスは自分しかいない。そのため、シルバーバックと呼ばれるおとなのゴリラのオスは、この世のすべてのオスにしつこくつきまとうちょっとした問題、つまり「この子どもの父親は本当に自分なのか？」という疑念は持たなくていい。自分にほかのオスを遠ざける強さがあるかぎり、群れにいる子どもは自分が支配する。ゴリラに関しては、進化が睾丸の大きさをセーブしたといえるだろう。

ゴリラのオスが持たなくてすむもうひとつの悩みは、「メスをどう喜ばせるか」ということだ。オウムのように特定のメスとのあいだにパートナーとしての強い絆を結ぶ必要がないので、メスを喜ばせなくてもいい。

これが、ゴリラのペニスが非常に小さい理由である。おそらく、ゴリラの交尾は快感に大きく左右されない本能によるものなのだろう。一方で、チンパンジーはゴリラの１００倍もの交尾を行う。

実際、チンパンジーは、大きなペニスと、ゴリラの16倍の大きさの睾丸を持っている。彼らは快感を得るため、警戒心を解くため、友情を強化するため、好意を交換するために交尾をするという、オープンな社会に生きている。いわば「皆が皆と交尾をする」社会であり、安定したつがいは存在しない。進化は子どもを多く作る個体に優位に働くため、チンパンジーにおいては「精子競争」が勃発した。より多くの精子を作り出すオスが父親となることから、生殖腺が発達していったのだ。

ヒトの男性の睾丸は、チンパンジーほどでも、ゴリラほどでもない、中ぐらいの大きさだ。このことは、チンパンジーほどではないにしても、ヒトが浮気を好むことを物語っている。ヒトの男性のペニスは体格のわりに明らかに大きく、生きもの全体で見れば最大級だ。この事実は、ヒトの女性にとって性的快感がいかに重要であるかを示している。女性による選択は、果てしない時の流れのなかで、男性の肉体構造を器官のレベルで変えてしまうほど重要なのだ。

100万年前、ヒトの男性は「バキュラム」と呼ばれるペニス内部の支えのひとつである陰茎骨を失った。チンパンジーを含む霊長類の多くのオスは、今でもこの骨を持っている。陰茎骨は、男性のペニスをまっすぐに整え、いつでも性交できるようにしてくれる、なかなか便利な代物だった。それにもかかわらず、ヒトの女性はこの骨を消滅させるまで頑張ってしまったようだ。いったい、なんということをしてくれたのか！

なぜ女性たちがそこまでしたのかはわかっていないが、諸説あるなかで最も興味深いのは「ハンディキャップ説」だ。陰茎骨があると、あまりにも簡単に性交ができてしまうため、女性は陰茎骨がなくても同じように性交ができる男性にだけ身を任せるようになった、というものだ。

クジャクのオスが動きにくい飾り羽というハンディキャップを持っていたように、ヒトの男性は、性交時に骨に頼ることなくまっすぐな形をキープしなければならないペニスを与えられたのだ。かつての素晴らしい構造はすぐに退化し、100万年後の現在、年をとった男性はバイアグラを飲んで切り抜けなければならなくなった。

陰茎骨がなくなったもうひとつの理由として考えられているのは、ヒトがある時点で一夫一婦制になったことだ。たったひとりの女性を満足させればよくなったことで、陰茎骨も不要になったのである。

私たちの体は、ヒトが厳密な意味での一夫一婦制ではなく、一夫多妻制になりやすい傾向にあることを教えてくれる。実際、ひとりの男性が3、4人の妻を持つことができる国が多数あるし、たとえ一時的なものであれ、一夫一婦制も存在するし、ひとりの女性がふたりの夫を持つ一妻多夫制もある。なぜこのような違いがあるのかはこれから明らかになるだろうが、いずれにせよ、ヒトの女性がほかの種のメスと同様に、男性よりもはるかに好みがうるさいのは仕方のないことだ。

かつて、女友達のアリーチェにこう言われたことがある。「男性を判断するときは、車の運転の仕方を見るのよ」。どういう意味だろうと思うかもしれないが、つまりは運転の仕方で、その男性が慎重か、軽率か、攻撃的か、親切か、感情を抑制できるか、きちんとルールを守れるかを判断するということだ。運転席に座っている男性は、カーブや信号の対処の仕方で、私の女友達に自分の性質を伝えていたのだ。彼女は好ましい運転をすると感じた男性としか関係を深めなかった。

女性にとって求愛は、自分に最適な男性を選ぶための最適なツールなのである。

第2章

求愛

IL CORTEGGIAMENTO

性のおかげで、生物はさまざまな進化を遂げ、世界の隅々までを占拠することができた。そして、地球上の生物多様性は劇的に変化した。もちろん、交尾によって繁殖するには、自分と同じ種に属するパートナー、なかでも子孫に最高の遺伝子を保証できるパートナーが必要だ。でも、どうやってそんな相手を見つければいいのだろう？ その方法を知るために、まずは求愛というものを理解しよう！

――ポッドキャスト版
『生きものたちの「かわいくない」世界』

求愛とは、オスとメスが視覚的、聴覚的、科学的、触覚的な刺激を交換する一連の行為を指す。異種間の交尾を防ぎ、相手の攻撃性を抑え、交尾をシンクロさせるためになされるものであるが、いちばんの目的は、オスによる自らの遺伝子のアピールだ。

異種間の交尾を避ける仕組み

数年前の夏の夜、私はピアチェンツァ県のボッビオという村を訪れ、草の生い茂った道を散歩していた。午前中に雨が降ったために空気が湿っていたが、ペニチェ山から吹くそよ風が蒸し暑さを和らげていた。満天の星の下でぼんやりと考え事をしていたそのとき、あるものが視界の端をかすめてはっとした。小さな光がちかちかと点滅しながら、鼻先で踊っていたのだ。私は頭からつまらない考えを追いやり、その小さな光が、草むらや茂みの上で軽やかに儚く踊る光に加わるのをうっとりと眺めた。求愛するホタルを見るのは久しぶりだった。

ホタルの腹部には、雌雄にかかわらず発光器官がある。〝ルシフェリン〟というタンパク質と〝ルシフェラーゼ〟という酵素の化学反応によって、クリアな光が断続的に放たれるのだ。夏の暑い夜、オスはメスを求めて草むらや茂みをさまよい、腹部からリズミカルな光のサインを発信する。それに惹かれたメスは腹部を光らせ、オスに「会いたい」という気持ちを伝える。

フォトゥリス属のホタルは全部で数十種いるが、そのうちの16種は形態的にまったく同じなので、光の強さとリズムを測定しなければ昆虫学者でも見分けがつかないほどだ。ホタルが異種との交尾を防ぐ際に判断材料としているのは、見た目の違いではなく、求愛の際に発せられる光のコードの違いである。

鳥の数種も、同じことが言える。たとえば、湿地帯や葦《あし》の茂みに生息する小さな鳥、ヨーロッパヨシキリとヌマヨシキリは、写真を見ても違いがまったくわからない（ヨーロッパヨシキリの脚は灰色で、ヌマヨシキリの脚は淡いピンク色というわずかな違いはある）。彼らは葦の茂みのなかでまったく異なるさえずりをすることで、同種のメスを引き寄せている。


異種間で交尾をするというのはよい考えではないし、実際にそうしたことが起きたとしても、自然界には異種間の子どもの誕生を防ぐ仕組みが存在する。つまり、異種間で交尾をしても、精子と卵子が融合することはなく、配偶子の無駄にしかならないのだ。

ヤギとヒツジとのあいだで見られるように、配偶子が融合し、非常に初期の段階の胚が形成されることもあるが、それが育つことはない。しかし、遺伝的に近い種であれば、交尾によって子どもが生まれることもある。

たとえば、ロバと交尾をした雌馬はラバを産む。ラバは山で重い荷物を運ぶことで人間の役には立つが、生殖能力がなく繁殖することができないので、自らの種の役には立たない。

オスとメスは、互いを性的なパートナーとして認識しなければ交尾することはないが、オスの抑えられない欲望が生殖以外の目的に悪用されるケースもある。フォトゥリス属の捕食性ホタルのメスは、異なる種のメスの発光コードを真似《まね》て、交尾以外の目的で異種のオスを引き寄せることがある。いわば、ディナーに来てくれる不幸なゲストを探しているのだ。

雑種は自然淘汰によって、容赦なく罰を下される。そのため、自然界においては、種の異なるオスとメスが交尾のために出会うのはほとんど不可能だ。とはいえ、あくまでもほとんどだ。自然界にも、異種間の交尾によって雑種が生まれた例がある。

アラスカとカナダの国境では、メスのヒグマとオスのホッキョクグマとが交尾をして、8頭のクマが生まれたことが確認されている。このメスは、おそらくオスのホッキョクグマの大きな体と白い毛並みに惹かれたのだろう。

また、ある記事によると、ベネズエラの熱帯雨林の奥地に生息するヘリコニウス・ヒュリッパというチョウは、ヘリコニウス・シドノとヘリコニウス・メルポメネというふたつの近縁種が交尾した結果、生まれたとされている。このように、異種間の交尾は起こり得ることであり、現在では9万年前のホモ・サピエンスにも同じことが起きていたと考えられている。

これまでは、私たちヒトが地球上で異なる種のヒトと共存したことはなかったというのが定説だったが、実際には数万年前に共存の事実があったようだ。私たちの最も神秘的ないとこであるネアンデルタール人は、私たちと同様に強く、知的で、ヨーロッパやアジアの気候に見事に適応していた。

もし現代にネアンデルタール人が現れて、髭《ひげ》を剃《そ》り、スーツにネクタイ姿でミラノの通りを歩いても違和感はないと言う人もいるが、彼らとホモ・サピエンスの外見には違いがあった。ネアンデルタール人はホモ・サピエンスよりも筋肉質で、額が広く、頬骨が出ていて、丈夫な歯と広がった鼻をしていた。

彼らは約28万年前にヨーロッパ大陸に現れたあと、色白の肌のヨーロッパタイプと、褐色の肌のアジアタイプのふたつに分かれた。私たちのように洗練された言語は持っていなかっただろうが、考古学者たちは、彼らが狩りをし、火を使い、枝や獣皮を使って小屋を建て、死者を埋葬していたと考えている。また、動物の骨で作られた楽器のようなもので演奏もしていたという。

そして13万年前、よりスリムで俊敏、侵略的で攻撃的な初期ホモ・サピエンスの典型的なタイプがアフリカに現れた。巧みにコミュニケーションを図り、武器も使用したこのホモ・サピエンスは、ネアンデルタール人を追いやって殺し、獲物や安全な場所を得るために戦い、自分たちの領土を拡大していった。

こうして4万から3万8000年前にネアンデルタール人は絶滅したが、彼らにはホモ・サピエンスと土地を共有していた時期があった。科学者たちは、ネアンデルタール人とホモ・サピエンスは争っていただけでなく、混合のカップルができ、健康な子どもが生まれ、その子どもが子孫を残したケースもあったのではないかという仮説を立てた。

２０１８年、この仮説は雑誌『ネイチャー』に掲載された驚くべき発見によって裏付けられた。アルタイ山脈の洞窟で発見された骨片の遺伝子を調べた結果、９万年前に生きていた13歳くらいの少女が、ネアンデルタール人の母親とデニソワ人の父親とのあいだにできた子どもであると判明したのだ。

マックス・プランク研究所の科学者、ヴィヴィアン・スロンとスバンテ・ペーボが〝デニー〟と名付けたこの少女は、ネアンデルタール人とホモ・サピエンスが性交をしたことを私たちに教えてくれている。つまり、両者は互いを性的なパートナーとして認識していて、それぞれの求愛の方法も似通っていたということだ。そして、私たちのＤＮＡには今もネアンデルタール人の痕跡があることになる。

メスの攻撃性を和らげる重要性

　私はモラという名前の雌馬を飼っている。モラはミラノ近郊にある馬術クラブで130頭の馬と一緒に過ごしているが、そのうちの半分はオスで、多くは繁殖用牡馬《ぼば》だ。

　モラの近くのケージにいるのは、彼女の大のお気に入り、情熱的な「純スペイン種」のルナルだ。モラは私に鞍《くら》をつけられるとき、賢い女性ぶりを発揮して、ルナルのことなど眼中にないかのようにすましているが、なぜかルナルのケージから自分の尻がよく見えるようにしている。ルナルが干し草に気をとられていると、この小悪魔は尻尾を上げて自分の香りを漂わせ、それでも彼の気を引けないときは放尿する。こうなると、ルナルはもうたまらない！　私には仔馬《こうま》を飼う気はないので、彼らが引き合わされることはないが、もし交尾をすることになれば、ルナルは苦労するだろう。

　かつてインスタグラムで、繁殖用牡馬のもとに連れていかれた雌馬を撮影した、恐ろしい動画を見たことがある。繁殖用牡馬と雌馬が、それぞれの飼い主に繋《つな》がれている。メスの尻は最初からオスのほうへ向けさせられている。オスは興奮していて、いつでも交尾ができる状態だ。ところが、オスが前足を上げてメスの背中に飛び乗ろうとした瞬間、メスに顔面を蹴られて即死してしまったのだ。こうしたことは、仲介する人間がその動物を社会に適応させたり、ほかの動物と交流させたり、求愛させたりしていない場合に起きる。

野生の馬は常に群れで生活していて、そのなかの繁殖用牡馬がリーダーとなって群れを守り、どこで食べたり飲んだりするかを決定する。繁殖用牡馬は、群れのメスがいつ発情するかを知っている。そのメスとすでに親しい関係にあっても、排卵を察知してからメスに噛みつき、頭から全身、そして肛門付近までを嗅いで、ともに時間を過ごす。興奮が高まると、非常に大きな声でいななき、背中や後ろ足を舐《な》めさせてほしいと訴える。

これらのオスの求愛行動はすべて、メスに生まれつき備わっている防衛本能を和らげ、上に乗られても受け入れるように促すためのものだ。やがてメスは放尿し、後ろ足を広げたまま動きを止め、リズミカルに陰唇を収縮させて陰核を露出することで、敵対行為の終了と受け入れる意思をオスに示す。この時点でようやくオスはメスの上に乗り、安全にペニスを挿入することができるのだ。

馬にとって、求愛はメスの攻撃性を和らげるだけでなく、交尾と排卵をシンクロさせるためのものでもある。捕食者がいつ襲ってくるかわからない環境下での交尾は、生死にかかわる問題だ。適切なときに、比較的短い時間で交尾を終わらせることは、オスとメスの双方にとって確実に優位に働く。

命がけの「落ち着いておくれ」

とはいえ、捕食者も楽ではない。第1章では、オスのカマキリやクモは交尾の最中にメスに食べられてしまうことがあるため、双方にとって交尾は危険なものであるという話をした。カマキリにとって交尾が危険なのは確かであり、逃げ道はないが、クモには助かる可能性がある。重要なのはうまく動くことだ。

クジャクグモは、オーストラリアに生息し、鮮やかな色ときわめて小さな体が特徴的な43種のクモのうちの1種だ。ハエトリグモ科に分類される彼らは、メスに絹の罠《わな》をしかけることはなく、クモでありながらも、ネコ科の動物のようにジャンプして獲物に襲いかかる。動きは非常にすばやく、体長の50倍の高さを跳ぶことができ、8つの目は360度の両眼視機能を持っている。メスの外見にはあまり特徴がないが、オスは虹色をしている。

西オーストラリアの暑い日、オスはメスを求めて、ビーチからほど近い茂みをさまよう。そしてお目当てのメスを見つけると、とりあえず安全な距離を確保する。念のため、クモのレディとは距離をとったほうがいいだろう！　オスは相手が落ち着いていることを確認すると、3対目の脚を振り上げ、リズムに乗りながら脚を動かしはじめる。初めは同時に、その後は1本ずつ。その姿はまるで、空港の滑走路で光る警棒を持ち、飛行機を誘導する職員のようだ。

オスはこうすることで、振り上げた2本の脚のちょうど真ん中を見るように促しているらしい。メスの視線をそこに集めながら、今度は色鮮やかな模様の入った腹部を持ち上げる。そして、カリブ海のダンスのようにリズミカルに、メスに近づいては離れるという動きを繰り返す。

メスはとまどい、反応に困っているようにも見えるが、このショーを気に入っているのは明らかだ。オスは腹部を動かしながら、逃げては戻り、メスの体に軽く触れ、また逃げる。腹部の美しい模様を見せては隠し、色鮮やかな扇のように振って、ふたたび色を見せる。ときに50分ほど続くこともあるこのショーを見ているうちに、メスの気持ちは落ち着いていく。

やがてオスは動きをスローダウンさせて、ゆっくりとメスに近づき、彼女の目のすぐ後ろに一対目の脚をそっと乗せる。この時点でメスの顎はオスの体の下にあり、ゲームはほぼ完了しているので、リラックスしてもいいはずなのだが、まだ終わりではない。オスはできるだけゆっくりと移動し、メスの上に登って腹部をとり、それを触肢のほうに向け、精子がつまった袋を適切な場所に挿入しなければならない。それをやり遂げ、受精が行われたその瞬間、それまでゆっくりと慎重に動いていたオスは、10億分の1秒ともいうべき超スピードでメスから離れ、安全な場所にジャンプする。

つまり、オスがそれまで儀式めいた動きをしていたのは、メスを催眠状態にさせ、その攻撃性を抑えるためだったのだ。そうだとしたら、腹部の鮮やかさは何のためなのか？

　クジャクグモは、身の回りの環境を知るため、獲物を探し出すため、そして求愛のために、視覚を利用する。儀式的な動きをして、メスに「落ち着いておくれ」と言いながら、腹部の鮮やかな色でこう訴えるのだ。「そこの君……見てみろよ、かっこいいだろう？完璧な色、セクシーな腹。襲ってくるやつはいないし、寄生虫もついてない。俺の遺伝子がナンバーワンさ」。

　もう少し科学的に言うと、クジャクグモが求愛の際に見せる色は、メスに目の前にいるオスのクオリティーを「正直に」伝えている。「正直」は、「ハンディキャップ理論」を説明した際に、フグの話で使った言葉だが、生きものの美しい色や長い尾、巨大なハサミは嘘をつくことができないので、とても重要なのだ。美しいか醜いかという非常にはっきりとした判断がつくし、嘘をつくクモのオスは、いとも簡単にメスの餌食になってしまう。

モズの恋のメロディ

　オスは自らをアピールするために求愛を利用する。たとえば、鳥は自分の美しさや強さや声だけでなく、これまで見てきたように芸術的センスも披露できる。通常、メスへのアピールは声から始まる。

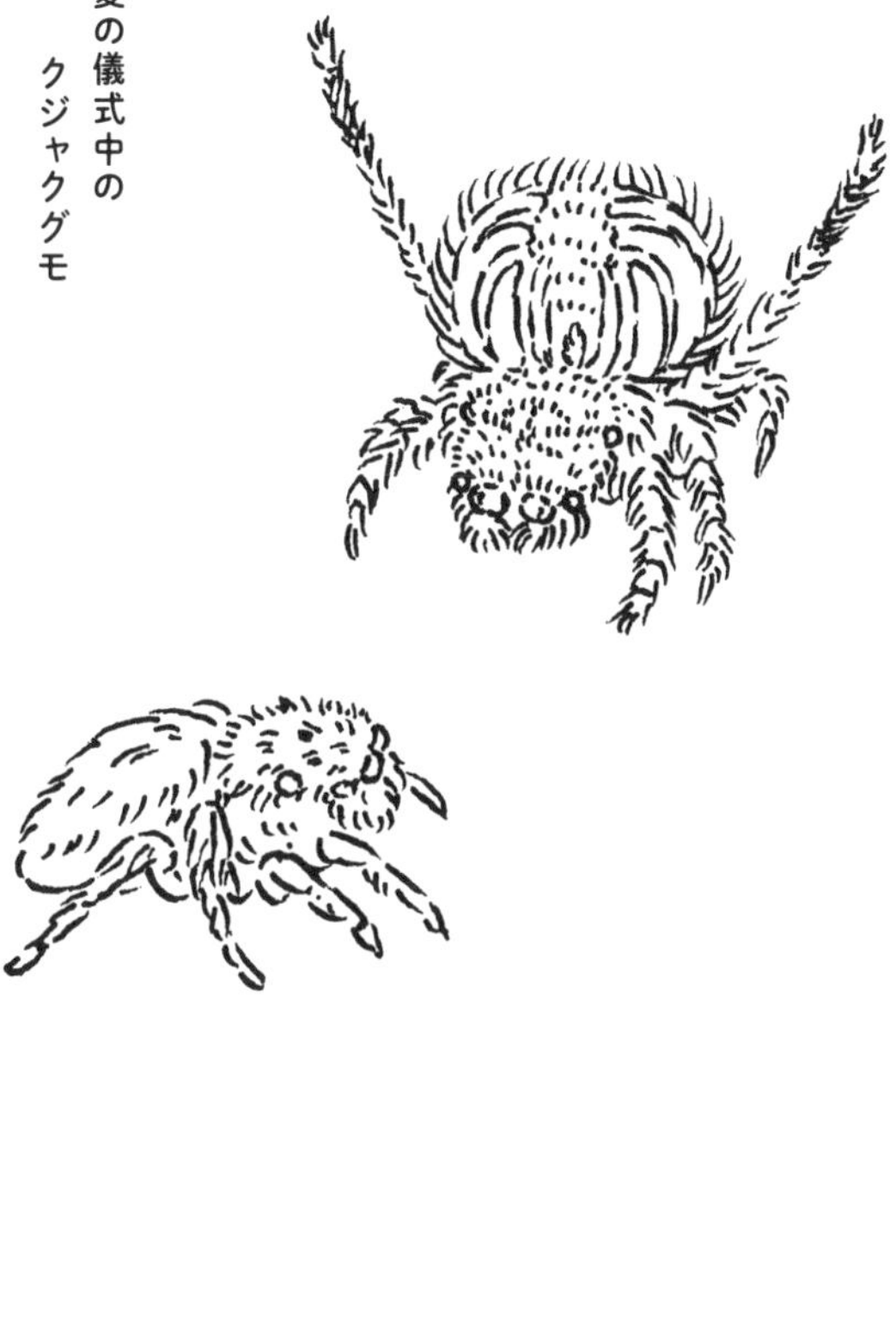

求愛の儀式中の
クジャクグモ

私は学生時代、コモ湖の山中でセアカモズの営巣を研究していた友人のマッシモとクリスティーナの手伝いをしたことがある。モズは昆虫やトカゲや小さな齧歯類《げっしるい》を捕食するスズメ目の渡り鳥だ。あまった獲物は、棘《いばら》や畑の仕切りに使われる有刺鉄線の先端に刺して蓄える。この恐るべき捕食者がラテン語で「畜殺者」を意味する「ラニウス」と呼ばれているのはこのためだ。

春先になると、アフリカ大陸からやってきたオスたちによって、縄張り争いが始まる。先に到着したオスは、営巣に適した木が茂る森や、狩りにふさわしい草原といった最高の場所を手に入れる。彼らは自分たちの住処を確保すると、歌うことでそれを守る。周囲に響き渡るように高い木の枝に陣取り、あらんかぎりの大声で震えるような声を出すのだ。

「近寄るな、ここは俺の家だ!」

遅れて到着したオスが、土地を奪ってやろうとたくらみながら国境を越えてくると、激しい戦いが勃発する。そして3月が終わり、縄張り争いがすんだころにメスが到着する。メスは木の枝にとまって、オスたちの歌に耳を傾ける。「ここが俺の家だ。美しくて広い土地だろう?　それに、この力強い声はどうだ……会いに来てくれ!」。メスはそれを聞いてオスを選択するが、その判断基準は、縄張りの質(たくさんの獲物がいる広い生活空間があれば、生まれてくる子をしっかりと育てることができる)と、歌の質である。

オスが口ずさむお決まりのメロディーは、遺伝子の質に関する具体的な情報を伝えている。美しく力強い歌声は、たとえ姿が見えなくても、声の主が強くて健康であることを教えてくれるからだ。

歌声の審査を通過すると、今度は外見の審査だ。見た目が重要であることは、雌雄の外見に差があることからもよくわかる。オスの頭から首の後部にかけては灰色で、目元には盗賊の黒いマスクのような線が入っている。背中と肩は赤褐色で、胸は白くつややかだ。一方、メスは褐色を帯びているが、選ぶ立場にあるメスに、美しさは必要ないのである。

メスがオスの体で最も重視するのは、灰色の頭と首だ。私がこの事実を突き止めたのは、学生時代にセアカモズの研究を手伝ったときのことだ。私たちはそのとき、M53と名付けられた若いオスに苦労をかけた。M53は、遅ればせながらその年の3月に、メッツォーラ湖の近くにあるペスキエラ山に到着したところだった。

当時、私たちはアフリカ大陸からやってきたオスを捕獲するために、いくつかの網を設置していた。捕獲したあとは、オスの体を測定し、番号と色付きのリングをはめて区別がつくようにした。リングに色をつけたのは、双眼鏡ごしでも見分けられるようにするためだったが、一部のオスをより目立たせるために、下尾筒の羽を赤で着色した。人手不足を知った学生たちが、現場で経験を積みたいと言って手伝いに来てくれたのだが、ある女学生がM53をより判別しやすく、かわいらしくしようと言いだし、頭部に色をつけた。灰色だった頭部が褐色になったことで、M53は目元に黒い線が入ったメスのようになった。美しく、若く、強靭な体つきのM53は、何時間も歌いつづけた。ところが、縄張りの環境も歌い方も完璧だったにもかかわらず、その年は繁殖することができなかったのだ。翌年はなんとか成功したものの、その際も、私たちは彼に苦難を与えることになった。

M53はまだリングをつけられていない若いメスのF37とつがいになった。M53はそれまでずっと縄張りを守り、意中の相手を手に入れるべく大声で歌い、1週間ずっと、縄張りのちょうど真ん中のエニシダの低木に巣を作るために小枝を運びつづけていた。

一方で私たちは、縄張りと健康状態のデータを収集する必要があったので、産卵が始まる前に彼らを捕獲しようとネットを設置した。F37が罠にかかり、私は彼女を大人しくさせるために布袋に入れた。その後、データをとるためにリングをつけようと彼女を袋から出すと、袋のなかにふたつの卵が入っているのに気がついた。F37はストレスを感じて、袋のなかで卵を産んでしまったのだ。なんということをしてしまったのかと、私は落ち込んだ。

卵を彼らの巣に戻そうと、私は半ば諦めの境地でエニシダの茂みを掻《か》き分けて巣を探した。茂みは深く入り組み、露に濡《ぬ》れていたために大変だったが、なんとか巣を見つけることができた。私は卵を巣に戻し、F37がそれを受け入れてくれることを祈りながら立ち去った。その後、F37はさらに2つの卵を産み、美しくて丈夫なヒナが5羽生まれた。M53

は、巣に昆虫やトカゲを運んでくる立派な父親となり、幸いにも、5羽のヒナは全員無事に巣立っていった。

ダンス自慢のカタカケフウチョウ

いくつかの種の鳥にとって、求愛の際に自らの外見をアピールすることは基本だ。美しい飾り羽を持つクジャクについてはすでにお伝えしたが、それと同じくらい美しいのは、ニューギニア島に生息するフウチョウだ。このスズメ目のグループにはおよそ40の種が存在し、房や長い糸のような飾りがついた色鮮やかな羽を特徴としている。

カタカケフウチョウのオスの求愛は、まさにショーそのものだ。まず、自分の縄張りの真ん中にある小枝や葉をきれいに取り除き、ダンスフロアの準備を整えてから、鋭い叫び声をあげてメスを呼び込む。メスが現れると、喜劇役者のように一瞬で姿を変える。頭を上げ、胸と背中の羽を開いて、胸の真ん前に黒い盾のようなものを作るのだ。盾の真ん中には虹色にきらめく青い三日月模様があり、その周りを光の99・95パーセントを吸収するかのような深い黒が取り囲んでいる。そのため、胸に照明が埋め込まれているかのように、三日月だけが浮き上がって見える。

メスの目の前で、オスは火がついた導火線のようなぱちぱちとした音を出してリズムをとりながら、キューバ人ダンサーのように踊りだす。実に見事なダンスだが、メスはなかなか注文が多い。力強さだけでなく、体の動き、溌剌《はつらつ》とした美しさ、全身の羽の細かな部分もチェックする。メスにしてみれば、間違ったオスを選ぶことはできない。こうしたダンスフロアには多くのオスがいっせいに訪れることがあり、その場合は4、5羽を同時に見比べることができるため、メスにとっては非常に便利なシステムだ。

オスのアピールの場であるこのダンスフロアは、スウェーデン語で「遊び」を意味する「レック」(lek) と呼ばれている。当初、この言葉は、クロライチョウとヨーロッパオオライチョウの求愛の儀式を記述する際に使われていたが、現在は、ノガン、タゲリ、エリマキシギ、タシギ、イワドリ、大部分のフウチョウ、カカポ（一夫一婦制ではない大型の陸生オウム）、数種のハチドリ、キガタヒメマイコドリなど、非常に多くの種の求愛の儀式を説明する際にも使われている。

レックで踊る鳥のなかで特に見ごたえがあるのは、中央アメリカや南アメリカに生息するキガタヒメマイコドリだ。小さくて色鮮やかな体を特徴とする約60種のなかの1種である。彼らのダンスは実にユニークなので、私はよく自分の番組で映像を使わせてもらっている。キレのある動きが特徴的だが、なかにはマイケル・ジャクソンの「ムーンウォーク」のように、前後に行ったり来たりするものもいる。

ダンスを披露中の
カタカケフクチョウ

オナガセアオマイコドリのオスは、たいてい集団でダンスをするが、ときに2羽で協力しながら踊ることがある。その場合、年長のオスは、メスによい印象を与えるために年下のオスと一緒に踊る。

まず、2羽はさほど高くない水平な木の枝にとまり、思わず聞き惚《ほ》れてしまうような声で歌う。そしてメスがやってくると、2羽は順番にジャンプを始める。こうすることで、羽の色や長細い尾の美しさを際立たせているのだ。動きは徐々に速度を増し、ジャンプだけでなく、交差して互いに触れ合ったり、カエルの鳴き声に似た音を出したりして、より複雑なものになっていく。メスはその様子をじっと観察し、気に入った場合には交尾をするが、その相手は年長のオスだけだ。若いオスにとって、踊ることにどのようなメリットがあるのだろうか？

縄張りのボスである年長のオスは、ダンスの経験こそ豊富だが、メスに求愛する際に補佐を必要とする。一方の若いオスは、補佐役をすれば縄張りを相続できるかもしれないと考えながら、年長のオスからステップを学んでいるのだ。

ものまね自慢のコトドリ

これらの種のオスは、羽や体つきを際立たせるポーズをとったり、踊ったりして美しさをアピールするわけだが、チェーンソー、クラクション、カメラのシャッター音といった、周囲から聞こえてくる音を模倣して、自らの遺伝的優位性を示そうとする鳥もいる。

オーストラリア東部の森に生息するコトドリがその好例だ。シチメンチョウくらいの大きさで、色はあまり派手ではないが、オスは竪琴《たてごと》のような美しい尾羽をしていて、メスの前でそれを広げることで自らの美しさを示す。しかし、それとは別に、彼らはメスを惹きつけるために音の模倣もする。

コトドリは音に関して驚くべき記憶力を持っているため、ほかの鳥の鳴き声、車の防犯アラーム、カメラのシャッター音、チェーンソーの稼働音といったあらゆる音を模倣することができる。「鳴管」という丈夫で優れた発声器官を使って、二、三の音を同時に再現することもできるのだ。

以前、アデレード動物園で飼育されていたコトドリの記事を読んだことがある。鳥舎の隣で数カ月にわたる工事が行われたとき、それをずっと聞いていたコトドリは、移動するクレーンの音からジャッキハンマーの音までを、見事に再現することができたという。

しかし、なぜドリルとクラクションの音を一度に鳴らすと、メスを強く惹きつけられるのだろう？　それは、私たちが彼らの能力に驚く理由と同じだろう。ぜひ、ＹｏｕＴｕｂｅでコトドリの動画を検索してみてほしい。きっとうっとりしてしまうだろう。しかし、メスが惹きつけられる理由はそれだけではない。

生涯のほとんどを、通りすがりのバイクや、バッハを演奏するオーケストラを完璧に模倣するために捧げるということは、そのオスが優秀で強く、多くの時間をひとつの行為に費やせることを意味する。そして、その行為をしつづけられるなら、遺伝子の質もいいということになる。これは第1章で登場した日本のフグが、絶えず押し寄せてくる波にもめげず、海底に素晴らしい〝曼荼羅〟を描くという意味のない行為にすべての時間を捧げているのと同じだ。

オリノコワニの王者のメッセージ

鳥の求愛行動は非常にバラエティに富んでいて面白いため、多くのページを割いてしまったが、爬虫類《はちゅうるい》の求愛行動も同じように興味深い。私がこれまでに制作したドキュメンタリー映像のなかで最も美しいもののひとつは、ベネズエラの熱帯草原、リャノで撮影したものだ。

アプレ州の西端からモナガス州の東端にかけて川が流れ、沖積土の平原にはありとあらゆる動物が生息している。何千頭もの白い牛が放牧され、ジャガー、ピューマ、サル、アルマジロ、カワイルカ、オオアリクイ、アナコンダ、あらゆる形や色をした鳥、カイマンワニなどが生息している。以前、『ミッション・ネイチャー』の放送1回分を制作するために訪れたのだが、あまりにも映像を撮りすぎて、2回分になってしまったほどだ。

ある日、アプレ川がゆったりと蛇行しているあたりでボートを止め、ツメバケイという小さな恐竜のような熱帯の鳥のつがいを撮影することになった。カメラマンがレンズを交換し、三脚を立てているあいだ、私は双眼鏡を覗《のぞ》き込んでほかに撮影するものがないかを調べていた。すると、それまで水面に浮かんだ丸太だと思っていたものが、ワニであることに気がついた。完全に姿を現して初めて、大きなオスのオリノコワニだとわかった。

彼が興味を持っていたのは私たちではなく、周りにいる同種のメスたちだった。彼は自分の体を使って、ジャッキハンマーの稼働音がこもったような、とてつもなく大きな音を出しはじめた。その音による振動は強烈で、まるでたくさんの水飲み場の水がリズムに合わせて出たり止まったりするかのように、水が方々にほとばしった。水のなかから顔を出したメスたちがうっとりと音に聞き惚れるなか、体の小さなオスたちはそそくさと退散していく。鳥のさえずりと同様に、川の偉大な王者が放つメッセージも明確だった。「女たちよ。我こそがこの川の真の王者だ。強くてたくましい体の持ち主だ。私のところに来れば、優れた遺伝子が手に入るだろう!」

深い響きのある音が、男らしさ、偉大さ、強さの象徴とされるのはワニだけではない。すでにシカの鳴き声の話でも触れたが、アフリカウシガエルやクジラも同様だ。それらの種においても、小さくて弱いオスは、物理的に深く力強い音を出すことができないため、求愛の際に出す音のサインは「正直」だといえる。

イルカの贈りもの

数カ月前、本書のポッドキャスト版について考えていたとき、自然界にもヒトのようにオスがメスに贈りものを携えて求愛するケースがあるのではないかと思った。頭に浮かんだのは、第1章でとり上げたクモの話だ。オスは袋に餌をつめて〝クモのレディ〟に渡すわけだが、この場合の贈りものはメスに求愛するためのものではなく、食い意地の張った彼女たちの気をそらすためのものだった。ヒトの男性は女性に花束やブレスレットを贈るが、それは彼女たちに美しいもの、つまりは飲み食いできない、ただ鑑賞することしかできないものを提供するということだ。ヒトは薔薇《ばら》の花束のような、美しいものや食べられないものに弱い。

以前、西オーストラリア大学、マードック大学、チューリッヒ大学の生物学者のグループが執筆した非常に興味深い記事を目にしたことがある。オーストラリアウスイロイルカという小型のイルカの行動を研究していた彼らは、1頭のオスが深く潜り、水の底から赤い海綿を拾いあげ、それを水面まで運んでメスに渡すという、視覚的、聴覚的に見事な儀式をカメラに収めた。その後、これと同じ行動が数多く報告されるようになった。そのため、科学者たちは、このイルカのオスが意味を持たない美しい色の海綿をメスに贈っている唯一の目的は、交尾をしようと説得することではないかと仮説を立てた。

私はこの記事を読んで確信した。自慢するわけではないが、私はあるイルカから求愛されたことがあるのだ。かつて、ホンジュラス領のロアタン島の沖合で、ジンベエザメのドキュメンタリー映像を撮影していたときのことだ。世界各地の温暖な海に生息する非常に珍しいシワハイルカの群れが、私のボートに近づいてきた。逃げられてしまうだろうと思いながら海に飛び込むと、そのうちの1頭が近づいてきて、私をちらりと見てから真下に潜っていった。後を追うと、水深15メートルほどの暖かい乳白色の水のなかで、海綿を拾うイルカの姿が見えた。

そのままイルカとともに浮上することができた。私が海から顔を出すと、イルカはふたたびこちらに近づいてきて、5メートルほど離れた水面に海綿を置いた。私はそれを受け取ろうと水を掻いたが、イルカはさっと背ビレに海綿を引っかけて、奪い去っていった。その後も、イルカと私の海綿のやり取りが何度も繰り返された。楽しい朝だったし、イルカもまた楽しんでいた。もちろんそれは性交の話ではなく、遊びの話だ。イルカだけでなく、ヒトにとっても、遊びは求愛の鍵を握っているのかもしれない。
では、ヒトはどうだろう？

ヒトの求愛

夜、私の家の前に10代の若者のグループが集まって、おしゃべりをしたり、タバコを吸ったり、大騒ぎをしたりすることがある。わざわざ目で見て確認しなくても、女の子がいるかいないかを判断できるのが面白い。動物行動学の専門家でなくてもそれがわかるのは、グループの騒々しさが、女の子の人数にきっちりと比例するからだ。若い女の子がいなければ、おしゃべりの合間にときどき笑いが起こる程度だが、いるとなると、すべての近隣住民をうんざりさせるほどやかましい。サッカーをして、大音量で音楽をかけ、踊り、そして叫ぶ。まさに鳥のレックのようだ。

西洋の男性は、ありとあらゆる手を尽くして、女性に選ばれようとする。花を贈ったり、キガタヒメマイコドリのようにディスコで張り切って踊ったり、体を見せつけたり、財布をちらつかせたり、得意げにしゃべったり、知識をやたらに披露したり。世のすべての男性は頭を抱えている。女性は何が好きなんだろう？ 彼女たちは何に夢中になるんだ？ 何を求めているのだろう？

男性は女性に求愛しようと思ったら、三感、つまり嗅覚、視覚、聴覚を刺激しなければならない。

女性を惹きつけたり拒絶させたりする最大の要因は、男性のにおいではないかと考える科学者もいる。その説はあながち間違いではない。というのも、私たち哺乳類は想像以上に嗅覚を使っているからだ。

今から25年ほど前、スイスの科学者であるクラウス・ヴェーデキントは、6人の男性を対象にある実験を行った。2日間風呂に入らずに同じシャツを着つづけてもらい、大量の汗が染み込んだかぐわしいシャツを瓶に保存した。それを49人の女子学生に嗅がせ、それぞれが最も惹かれたにおいと、最も嫌悪感を抱いたにおいを分析したのだ。そのにおいには男性のフェロモンが含まれていた。フェロモンとは、ひとりひとりの遺伝子と結びついている、その人特有の揮発性ホルモンだ。

近親交配によって生まれた野生動物には異常が起こるため、ヴェーデキントは、ヒトの女性も自分と遺伝子的に遠い男性の香りを好むのではないかと考えた。そこで、臓器移植の可否を判断する際に使う「ＭＨＣ」という遺伝子群に着目し、実験対象の男女の遺伝的な近さと遠さを検証した。

その結果、女性が自分と異なるＭＨＣを持つ男性のにおいを好むことが判明した。また、女性は進化の過程において、自分と遺伝子的に同じ男性と異なる男性を嗅覚で識別できるようになったこと、また、血縁関係にあるかもしれない男性との性交を避けるために、自分と違うにおいを好むことも明らかになった。

現代社会では、石鹸《せっけん》が皮膚や頭皮のにおいを抑えているが、男性の体から発散されているほんのわずかなにおいを、女性が感じ取っていないわけではない。パートナーが私の首のにおいを嗅いで「いいにおいがするわね」と言うとき、彼女は私が使った石鹸のことではなく、彼女にしか感じ取れない私の肌のにおいのことを言っているのだ。

しかしながら、ホモ・サピエンスはクマやオオカミに比べて嗅覚が発達していない点で、不思議な哺乳類である。ヒトの女性は空気中に漂っている男性のにおいを感じ取れないので、どの男性を選ぶかを判断する際に最初に使う感覚は、視覚と聴覚になる。つまり私のパートナーは、私という人間をじっくり観察してはいたものの、私の首元に鼻を突っ込むまでは、遺伝子的に自分と近しいかどうかを予測できていなかったのだ。

ネアンデルタール人は、ホモ・サピエンスが現れる数万年から、洞窟の壁に絵を描いていた。古代の「ヒトではないヒトたち」は洞窟に身を寄せ、火を灯《とも》し、初歩的な楽器を演奏し、歌ったり踊ったりしていた。考古学者たちによると、これらの踊りは男性によるものなので、狩猟における供養の儀式だっただけでなく、女性に求愛するためのものでもあったらしい。

洞窟のなかからは、顔や体に着色するための絵の具、髪飾り用の花、ネックレスにするための穴の開いた貝殻が発見されたが、それらを科学者たちが検証したところ、踊っていたのは男性だったのではないかという結果が出た。

考古学者たちの意見と合わせると、ネアンデルタール人の男性は、女性のために自らを飾り立てていたということになる。だが、これは驚くべきことではない。現在は、女性が化粧をしたりアクセサリーをつけたりする社会が大半を占めるが、なかには注目されるために男性がそうしたことをする社会もあるからだ。

パプア・ニューギニアの獰猛《どうもう》な美しい戦士であるフリ族（別名ウィッグマン）は、世界で最も色彩豊かな民族だ。彼らの社会では、髪の毛、花、貝殻、フウチョウの羽などで作られた帽子のような〝かつら〟を持つのが基本となっている。未婚の男性は、美しいかつらの作り方を年長の男性から学ぶ。男性の威信はかつらにかかっているので、希少価値のある羽や宝石でそれを飾りつけるために働き、狩りをする。成人の儀式では何時間もかけて化粧をし、誰よりも目立つように体を赤や黄色にペイントし、ピアスのように鼻に骨を通して、より強く攻撃的に見えるようにする。そして、フウチョウを模した伝統的なダンスを踊る。本来、フリ族のダンスは戦いの前に踊られるものだが、女性たちはそれを見て、誰が最も強く美しいかを判断するのだ。

部族の踊りのなかには、パートナー選びのためだけに行われるものも存在する。ニジェール共和国南部と北部ナイジェリア保護領のあいだのサヘル西部に住む遊牧民、ウォダベ族の踊りだ。

雨季が終わり、9月になると、若い男性が女性にアピールするためのゲレウォールという大きな祭りが開催される。祭りに出る男性は、歯の白さを際立たせるための化粧をし、カラフルな衣装を身につける。目を見開き、歯を見せつけながら踊ることで、将来の夫を探している若い女性の視線を集めようとする。申し分ない体格、完璧な化粧、隙のない優雅な動きに加えて、美しい白目と完璧な歯が求められる。それらは健康であることの正直なサインだからだ。

また、エチオピアのオモ渓谷に住むハマー族の若い男性は、成人の儀式において、一列に並べられた7頭から10頭の雄牛の背中の上を、転んだり、手を使ったりすることなく裸で4回走り抜けなければならない。彼らはすでにこの難題をクリアし、マザ（成熟した者）の称号を手にした男たちに囲まれて、神聖な儀式の場に向かう。女性たちは叫びながら踊り、牛を怖がらせて1箇所に集め、角と尻尾を押さえて一列に並べる。若い男性は裸になり、捨て去るべき幼年期を象徴するロープを胸に巻いて、最初の牛の背中に飛び乗り、バランスをとりながら次の牛へと移動していく。転ばずに渡り切ることができれば、彼は

〝完全な男〟となり、妻を迎えることができる。失敗すれば一族の恥となり、結婚も許されず、翌年もこの儀式に参加させられる。

このような「雄牛の背渡り」、いわゆるタウロカタプシアは、ハマー族が考え出したものではなく、青銅器時代から世界各地で行われていたことが確認されている。たとえばミノス文明期のクレタ島、インドのタミル地方、アナトリア半島、フランス南部などだ。ヒトの「知性」が動物の持つ「野性の力」に勝ることを示す儀式だと言われているが、実際には他人の注目を集めるための危険な祭りに過ぎない。若い男性たちは牛の背中に飛び乗ることで、自分の強さ、判断力、勇気、活力、器用さと優雅さを周囲に示しているのだ。

男性は女性にアピールするために、かつらをつけたり、化粧をしたり、踊ったり、牛に飛び乗ったり、タトゥーを入れたり、皮を剝いだりする。現在、タトゥーを入れたり皮を剝いだりする行為は、無菌の施術室で殺菌済みの器具を使ってなされるが、不衛生な環境下で、鋭い竹の棒を使って行われることがあるのをご存じだろうか？

パプア・ニューギニアのセピック川沿いに住むニオウラ族にとって、ワニは天地を創造した神であり、若い男性はワ、ニ、に、生、ま、れ、変、わ、る、ことで初めて大人になる。ニオウラ族の若者たちは大人になるための儀式で、胸から肩、そして背中からお尻にかけて、鋭い竹の棒で何百もの小さな傷をつけるようにして皮膚を剝がされる。それぞれの家によって模様は異なり、最終的に傷が治ると、まさにワニのような肌になる。若者たちは皮膚を剝がされる痛みと、それに伴う恐ろしい感染症に耐えて初めて大人として認められ、妻を迎えることができるのだ。

今、あなたにお伝えしている儀式は、農業、商業、快適な住居、医学、そして宗教がこの世に現れる前に、ホモ・サピエンスの男性がどのようにして女性に求愛していたのかを教えてくれる。こうした儀式を行っている部族は、世界中に数えきれないほど存在する。スーダンに住むスリ族は、自分の力を見せつけるために血が流れるまで棒で叩き合うドンガという儀式を行うし、マサイ族の戦士は踵を決して地面につけずに、円のなかでジャンプをする。高く優雅にジャンプをするほど、女性にとって魅力的な存在になる。

男性が女性にアピールする際、最も重要なのは健康と体力だが、私たちヒトは社会的な動物なので、階層的な地位もそれに劣らず重要だ。男性がグループのリーダーになるには、勇気、知性、カリスマ性も求められる。ヒトのリーダーが手にする権力には、たくましい肉体よりも価値があるといえるのかもしれない。

もしかしたら「女性だって男性に求愛するじゃないか」と思う人もいるかもしれないし、ディスコで開催される独身最後の日を祝うパーティーで、女性たちが一緒になってレックで踊っているのを見たことがある人もいるかもしれない。また、多くの女性は化粧をして目や唇を際立たせ、髪を染めて若々しく見せ、ヒールを履いてお尻を強調し、短いスカートを穿《は》いて足を見せつけ、ブラジャーをして胸の形を整えている。それらの視覚的サインは、女性の〝遺伝子のよさ〟を伝えるので、男性をたちまち熱狂させる。

なぜ女性は男性を選ぶ際に注目を集めようとするのだろうか？　彼女たちは選ぶ立場にあるはずなのに、なぜ自分をアピールするのだろう？　女性のこのような行為は、伝統的な文化や部族にはない、現代社会ならではの異常なのだろうか？　男性が女性を選ぶのだろうか？

ケニア北部のサンブル族の社会には、愛の踊りがある。若い男性が女性を選ぶときに、黄土色に染めた髪の毛を女性の顔に振り当てるのだ。女性のほうも選ばれるのだが、これはヒトにとって、性交が単に繁殖するためのものではないことに関係しているのかもしれない。これまで述べてきたように、私たちが行っている求愛の方法を見るかぎり、ヒトの性をひとつの定義や概念にあてはめることは難しい。ヒトの性には、文化、生活、入手できる資源など、あらゆることが影響するからだ。男性はディスコにいるすべての女性と性的な関係を持っても逃げられるかもしれないが、女性はそうはいかない。彼女たちは自分の美しさをアピールしたとしても、ひとたびアピールを終えたら、自分で選んだ男性にだけ身を任せる。私の女友達のアリーチェが、男性の運転の仕方をチェックすると言っていたのを覚えているだろうか？　ヒトの女性は常に選択する。彼女たちが言い寄られたり、言い寄ったりするのは、自分でもチェックしていた自覚すらないような、男性のちょっとした振る舞いを精査し終わってからなのだ。

男女に言い寄ったり言い寄られたりすることを促す根本的な衝動は、性行為で得られる快感だ。しかし、動物がヒトと同じような快感を得ていないと思ってはならない。たとえば、オランウータンのメスはつる植物で「ジャングル特製ディルド」を作るし、コウモリはオーラルセックスをするし、ガーターヘビは乱交をする。動物は私たちが思う以上に、性の快感に対する想像力が豊かなのだ。

第 3 章

性 行 為

L'ATTO SESSUALE

交尾は危険な贅沢だ。交尾をしているあいだ、動物は貴重なカロリーを消費し、餌探しを怠り、腹を空かせた捕食者や縄張りを奪い取ろうとするライバルに対して、あまりにも無防備になる。したがって、交尾は受精に必要な最低限の時間内にすませなければならない。

——ジャレド・ダイアモンド著
『人間はどこまでチンパンジーか?
人類進化の栄光と翳り』(長谷川真理子 他訳、新曜社)

繁殖は危険で困難なものだ。オスは戦い、美しさを維持し、ときには子育てに参加することさえしなければならない。メスの場合は言うまでもない。貴重な卵子を使って妊娠し、授乳し、敵から子を守って育てる。いやになるくらい大変だ。

それでも、交尾によって繁殖するすべての生物は、繁殖を中心に動いている。進化はこれらの生物に対し、縄張りを広げ、戦い、自らを飾り立て、交尾をするように促す脳を作ってきた。なぜそんなことになったのだろう？　すぐに手にできる報酬がなければ、生物は繁殖をあきらめるかもしれないが、報酬はオーガズムだ。快感がすべての鍵を握っているわけだが、はたして動物も私たちと同じように交尾を楽しんでいるのだろうか？

オウムのメロドラマ

オウムの交尾を見てみれば、その疑いの余地はなくなるだろう。オスはメスに近づくと、羽を動かし、メスの頭と首を優しく撫《な》ではじめる。キスを交わすかのように、互いにくちばしを何度も交差させ、羽を開いて抱き合った状態で、互いの総排出腔を探りはじめる。オスはメスの背中に片方の脚を乗せ、メスは羽を広げて、尾を上げた状態でしゃがみ込む。そして、オスはメスの上に乗る。初めは優しく、徐々に激しく、互いの総排出腔をすり合わせながら、くちばしを求め合う。

これはオウム主演のメロドラマではない。それでも、彼らはこのような交尾を数分間連続で行うことができるのだ。マダガスカル島に生息するクロインコの交尾の時間をわざわざ計り、彼らが51分間かけて充実した交尾をしたと報告した人物もいる。このような観察結果は、地球上で性行為を楽しんでいるのが私たちヒトだけではないという確たる証拠だと私は思うが、これに反対する意見もあったため、非常に残酷な実験が行われることになった。

快感にとりつかれたラット

1954年、カナダのマギル大学のジェームズ・オールズとピーター・ミルナーは、動物の行動に影響を与える脳の領域を突き止めようとしていた。当時の生理学者や心理学者や動物行動学者たちは、ただ動物の観察をするだけでは飽き足らず、好奇心を満たすために、サル、マウス、ラット、モルモットの脳に電極を埋め込む実験を行っていた。

ラットの脳のあらゆる部分に電極を埋め込んで刺激を与えたところ、痛みで動けなくさせる領域が判明した。そこで、彼らは推測した。痛みを引き起こす脳の領域があるのなら、快感を引き起こす領域も絶対にあるはずだと。彼らはそれを見つけるために、ふたたびラットの頭に電極を埋め込んで、刺激を与えはじめた。

そしてある日、1匹のラットに刺激を与えたところ、ラットはケージの隅から逃げだす代わりに、さらなる刺激を与えてもらおうと戻ってきたのだ。これだ！　ふたりの研究者は、電流を流す位置を調整することでラットが反応する領域を突き止め、そこを刺激することで、ラットに指示どおりのコースを走らせることにも成功した。そして場合によっては、ラットは電流を流されるか、おいしい餌を食べるかを選ぶことができる際に、電流を流されることを選ぶようにもなった。

こうした反応と関与していたのは、前脳の基底部にある〝側坐核《そくざかく》〟と、左右の大脳半球間を繋ぐ線維束を環状に囲んでいる〝帯状皮質〟だったので、そのふたつの領域は「快中枢」と名付けられた。ふたりの研究者はこの発見に満足せず、ラットが自ら刺激を受けることができるように電極を配線した。その結果、ラットは快感にとりつかれてしまい、自ら何千回も電流の刺激を受けるようになった。回路をオフにされても、飲食を忘れて刺激を受けつづけたのだ。

この実験は、すべての哺乳類が何百万年にもわたって快感を得てきたことを明らかにした。つまり、私たちが性交をしたときに感じる快感が、より多くの性交をしようとする原動力となっていることが証明されたのだ。ときには、その押しが強すぎて、繁殖という目的が二の次になってしまい、性交が単なる「娯楽」になってしまうこともある。

私はヴェラとペニーという2匹のイヌを飼っていて、公園をお決まりの散歩コースにしている。ときどき、つば広の帽子を被った紳士とすれ違うのだが、彼は夏でも服を着たミニチュア・ピンシャーのオスを連れている。ある日の朝、私は発情期真っ只中《まただなか》のヴェラをリードに繋ぎ、雄犬を連れているすべての飼い主と懸命に距離をとりながら歩いていた。

そのとき、例の紳士がこちらに向かってゆっくりと歩いてくるのが目に入った。ミニチュア・ピンシャーはリードに繋がれていない。だが、もしヴェラがミニチュア・ピンシャーに飛びかかったとしても、小さな彼が大きなロットワイラーであるヴェラの上に乗るのは梯子《はしご》でも使わないかぎり無理だと思い、それほど気にはとめなかった。私は紳士にヴェラが発情期であることを伝えたが、紳士は平然とした様子で私に言った。うちのイヌは、そういうことに関しては自分で処理しているから大丈夫ですよ、と。

聞くところによると、そのミニチュア・ピンシャーはぬいぐるみをいくつか持っていて、性的欲求を感じたときにそのひとつを選び、上に乗っているのだという。あるときはテディベア、あるときはカメ、またあるときは子羊というように。服を着せられたミニチュア・ピンシャーは、アパートメントに住み、好きなメスと自由に交尾できないイヌにとって、とりわけ自分より大きなオスと競う必要のないイヌにとって、典型的なストレス解消法を見つけていたのだ。

私の予想どおり、ミニチュア・ピンシャーはヴェラに近づき、彼女のかぐわしい香りをたっぷりと嗅いで性器をひと舐めすると、部屋で自分を待っている刺激的なぬいぐるみを思い浮かべながら去っていった。

イヌやネコを飼ったことがある人ならご存じだろうが、彼らは強い性的欲求を感じながらも交尾ができないときに自慰をする。私は2番目に飼ったイヌのネッビアが友人の足にしがみついていたのを覚えているし、元妻の実家で飼っていたクレオという雌猫が発情期だったときのことも覚えている。皆でソファーに座って映画を見ていたら、クレオが私の膝に性器をこすりつけてきたのだ。あのときは本当に気まずかった。

以前、YouTubeで驚くような動画を見たことがある。その内容を詳しく書こうと思って、もう一度検索してみたのだが、動画の代わりに次のようなメッセージが表示されていた。「この動画は、ヌードや性的コンテンツに関するYouTubeの規則に違反したため、削除されました」。

たしかに強烈な動画ではあった。水族館で飼育されているカワイルカが、死んだ魚の頭を使って自慰をしている姿をガラス越しに撮影したものだったからだ。飼育下にあるイルカに触れると話がそれてしまうので、あまり踏み込みたくはないのだが、あの動画のイルカは快感を得ることで、飼育下にあるがゆえのフラストレーションを発散させていたのだ。だからといって、野生のイルカが自慰をしないわけではない。

野生のハンドウイルカのオスとメスが、海底の砂に性器をこすりつけていたという報告もある。ゾウは岩や木の幹を使って、オランウータンのメスはつる植物を自分に合った形に整えて自慰をする。木の実を割ったり、シロアリを集めたりする道具があることは私も知っていたが、まさか自慰のための道具があるとは思ってもみなかった。少なくとも60種の野生の霊長類が、自慰に時間を割いていることが確認されている。

20年前、ユニバーシティ・カレッジ・ロンドンの人類学者であるルース・トムセンは、動物行動学的な観察を通して野生のニホンザルを研究していた。現地調査を行う動物行動学者は「エソグラム」と呼ばれるカードを作成するのだが、これは本当にうんざりする作業だ。5分か10分という決められた時間のなかで、頭を掻いた、体の向きを変えた、食べた、寝た、といった観察対象のすべての行動を記入しつづけなければならないのだから。

私は卒業論文を書くために、タンザニアにあるタランギレ国立公園のアカシアの木の下で、1日12時間、エソグラムを書きつづけたことがある。それこそ、何百枚ものエソグラムを書いたものだ。記入されたデータはすべてコンピュータで集計され、観察した動物のグループがどのように過ごしていたかがはじき出される。私は今、トムセン博士の顔を想像している。観察していた15匹の雄ザルが、なんと400時間も自慰をしていたという結果を目にしたときの、彼女の顔を!

乱交パーティを開くボノボ

まったく仕方のない雄ザルたちだが、ヒトに最も近い野生の親戚であるボノボには敵わない。コンゴ盆地の密林に生息するボノボはチンパンジーに似ているが体はずっと小さい。

オランダの動物行動学者で霊長類学者のフランス・ドゥ・ヴァールによると、ボノボの社会では、ほかの群れと共存するために群れを率い、導く役を担っているのは年長のメスだという。そしてボノボは、自分の利益よりも周囲の利益を優先し、共感性、優しさ、忍耐力、感受性を備えているという。

ドゥ・ヴァールがこの考えにたどり着いたのは、ボノボが退屈しているとき、遊んでいるとき、緊張しているときに〝レクリエーション・セックス〟を実践する傾向が非常に強いことが証明されたからだ。快感は繁殖に繋がるだけでなく、苛立《いらだ》ちや不安、心配事を和らげる「社会的変調器」としても機能する。

飼育下にあるボノボに対しては多くの実験が行われているが、そのうちのひとつに、研究者が群れのなかの1頭にだけおいしい餌を与えることで、群れにただならぬ緊張感を持たせるというものがあった。空気が極限まで張りつめ、まさに一触即発というそのとき、ボノボのオスとメスは無差別に交尾を始めた。こうして、より楽しい行為に意識が向くようになると、群れに平和が戻ってきたのだ。やれやれ……。

ボノボはとても面白い動物で、まさにわんぱく小僧という言葉がぴったりだ。舌を使ってキスをしたり、お互いに見つめ合いながら交尾をしたり、互いの性器をこすり合って快感を得たり、オーラルセックスをしたり……そう、ボノボはそんなこともするのだ。しかし、それは彼らに限ったことではない。私たちヒト、ボノボ、そしてコウモリもオーラルセックスを楽しんでいる。

オーラルセックスをするオオコウモリ

以前、ある科学雑誌で興味をそそられるタイトルの論文を目にした。「インドオオコウモリの交尾時間は、クンニリングスによって延長される」というものだ。論文の著者であるインドの研究者グループによると、インドオオコウモリのメスは、オスに性器を舐められると、通常よりも長く交尾をする傾向があるという。

インドオオコウモリはアジアの熱帯雨林に生息する大型のコウモリだ。ほかのオオコウモリと同じように、日中は木の枝に逆さまにぶら下がり、日が暮れると果物や花を求めて動きはじめる。その体の大きさとキツネにそっくりな鼻口部から「空飛ぶキツネ」と呼ばれている。インドの研究者グループは４００以上の個体から成る群れを観察し、オスが舌でメスの性器を刺激することによって交尾を促した57の特異な例を記録した。

非常に几帳面《きちょうめん》な研究者たちがそれぞれの交尾の時間をきっちりと計ったところ、平均してクンニリングスは50秒、本番は15秒という、見事なパフォーマンスだった。

このように、オオコウモリのオスは非常に寛大であり、メスに快感を与えることで交尾を促しているという報告があった一方で、メスがオスに満足感を与えるというケースも報告されている。同じ雑誌にもうひとつ、面白い論文を見つけた（定期購読しなければ！）。それは「オオコウモリのフェラチオは交尾時間を延長する」というものだ。

インドオオコウモリに近い種であるコバナフルーツコウモリを研究している中国の研究者グループによると、英語で〝ドギー・スタイル〟と呼ばれる、メスの背後からオスがペニスを挿入する体位をする際、膣《ちつ》内にペニスを挿入されたメスは、曲芸師のように前かがみになって体を曲げ、身をかがめたりして、ペニスのつけ根に舌を当てることがあるそうだ。いくぶんアクロバティックな体勢でペニスのつけ根を舐めることで、メスはオスの愛の性能を向上させていたのだ。

メスの思いやりを受けたオスは、より長い時間にわたって行為を続けていた。つまりはメスも交尾が好きで、意図的にその快感を長引かせたとしか考えられない。

オオコウモリの交尾といえば、撮影スタッフとともにアフリカを訪れたときに、ストローオオコウモリの交尾を目撃したことがある。

ロケの狙いは、わずか400平方メートルの土地に生えた20本ほどの木に、なんと1000万匹ものストローオオコウモリが群がるという驚くべき現象を撮影することだった。これは11月から12月にかけて、ザンビア北部のカサンカ川に囲まれた小さな湿地帯で見られる光景だ。

2007年、私たちはこのショーを撮影するために、カサンカ国立公園を訪れた。話には聞いていたが、実際に目の当たりにすると、あまりのすさまじさに度肝を抜かれた。昼間は数百万匹ものコウモリが眠り、争い、寄り添い、交尾や子の世話をしているのだが、その騒音は耳をつんざくほどで、頭上からはグアノ（鳥糞石《ちょうふんせき》）の雨が絶え間なく降り注ぎ、木々は彼らの重みで倒れそうなほどだった。

太陽が地平線に沈むと、数匹の群れが枝を離れ、怠けものを促しながら、木々の周りを飛びはじめる。30分もしないうちにコウモリの巨大な雲が空を覆い尽くし、ゆっくりと周囲のサバンナに散っていく。カサンカは11月になると雨季に入り、サバンナの木々は実をつける。果実や花を栄養源とするコウモリにとって、小さなサバンナは期間限定の食堂なのだ。

人工衛星送信機の記録によると、この期間の彼らの移動距離は、カサンカを中心とする半径最大60キロに及ぶ。そして3週間が過ぎ、食堂が空になると、大移動を開始する。彼らの移動は、これまでに確認されたアフリカ大陸の哺乳類の移動のなかで、最も距離の長いもののひとつだ。送信機の記録によると、コンゴの赤道付近の熱帯雨林まで、2518キロもの距離を移動する。

出発前の3週間、たくさんの食べ物に恵まれた数百万匹のコウモリは、折り重なるように枝にぶら下がって好きなだけ交尾をする。個人的には特筆すべきエロティックな行為を目にすることはなかったが、このような大集団は桁違いの乱交をする。たとえばガーターヘビがそうだ。

騙し討ちをするガーターヘビ

北米やカナダの寒冷地に生息するガーターヘビは、厳しい冬を乗り切るために、数百匹で集まって地下の巣穴に身を潜め、雪が溶けると、目を覚まして外に出る。そしてメスは、オスを夢中にさせるフェロモンを放出する。冬眠から目覚め、刺激的な香りを放ちはじめるメス1匹に対し、少なくとも10匹のオスがいる。春になると、何十匹ものオスが1匹のメスと交尾をしようと絡み合うのはそのためだ。ときには、1匹のメスに100匹ものオスが群がることもある。

このような状況では、〝ヘビのレディ〟が最も大きく強いオスを選ぶのは不可能だ。それでもオスは激しい競争を繰り広げ、たいていの場合、最も大きくて強いオスが、たった

1匹しかいないメスの体にペニスを挿入することになる。オスはひとたびペニスを挿入すると、複数の骨端を使ってメスにしがみつく。交尾が終わると、その幸運なオスはゼリー状の栓でメスの総排出腔の入り口を閉じ、ほかのペニスの侵入を防ぐ。

実際には、常に最強のオスが交尾をするわけではないが、メスには交尾をするオスを自分で選ぶための戦略がある。冬眠前に1匹のオスと交尾をして、栓をさせてしまうのだ。春になり、多くのオスに求められる際に、その仮の栓は好まないオスとの交尾を避ける役割を果たすため、その後、メスはじっくりと最強のオスを選ぶことができる。

体が小さいとゲームから締め出されてしまうかのように思えるが、実際には多くのライバルを騙して、交尾にこぎつけるオスがいる。彼らは冬眠から目覚めると、メスに似たフェロモンを放出する。そして、メスに成りすまして巣穴からすばやく出て、ほかのオスたちの気を引く。その後、まとっていた香りを消してオスに戻り、ほかのオスたちの抱擁を振りほどいて、目を覚ました本物のメスが待つ巣穴に戻る。小さな嘘つきはこのようなトリックを使って時間を稼ぎ、ライバルたちとの競争をかわして、繁殖にこぎつけるのだ。

爬虫類は、私たちに興味深い性行動を見せてくれる。第2章「求愛」では、ワニのオスが全身を震わせ、自らの強さをアピールする水中パフォーマンスでメスを魅了する話をした。メスは水を波立たせる強い振動に惹かれ、腺、顎、総排出腔から薫り高いオイルを出すオスに近づいていく。オスとメスはオイルをまき散らしながら、互いの鼻口部と背中を優しくこすり合わせる。それから交尾をするのだ。実際の交尾は水中で行われるので、〝行動学の覗き魔〟である私たちはその様子を想像するしかない。爬虫類にはオスが存在しない場合もあるが、それでもオスの役割が潜在的に重要であることに変わりはない。

単為生殖のための快感

ウィップテールリザードは、アリゾナ州の砂漠に生息しているトカゲの一種だ。ラテン語名はアスピドセリス・ウニパレンス（Aspidoscelis uniparens）だが、「ウニパレンス」という言葉はこの種にメスしかいないことを表している。オスは姿を消してしまったのだ。自然界では、繁殖が必ずしも性的に行われるとは限らない。メスがオスなしで繁殖する現象を「単為生殖」あるいは「処女生殖」という。

ウィップテールリザードのメスは、自らのクローンを作って繁殖する。この方法は、求愛や交尾に力を注ぐことなく、単独ですべてを行えるので、気候や生物学的に最も不利な環境でも繁殖できるという利点がある。それでも、ウィップテールリザードのメスは、自家受精を誘発するために性的刺激を必要とするので、仲間内で相手を探して偽りの交尾をする。やはり、排卵を誘発するのは快感なのだ。

持つもの、持たざるもの

性交とは、雄雌の配偶子が出会うための、雄雌によってなされる行為だ。哺乳類の場合は膣のなかにペニスが挿入されるが、これが普通の方法というわけではない。

グレートバリアリーフのサンゴは、10月から12月の暖かい満月の夜にいっせいに交尾をする。オスとメスは、適切なタイミングで何十億個もの卵と精子を水中に放出する。グレートバリアリーフの約2300キロに及ぶエリアで行われる世界最大の交尾は「サンゴの夜」と呼ばれ、このときにオスとメスが顔を合わせることはない。

また、サケは一生を海で過ごしたあと、生まれた川に戻る。長く危険な旅を終えたオスとメスは、冷たく酸素濃度の高い川の急流で出会う。交尾のためのペニスを持たないオスは、メスが川底の小石に産みつけた卵に精子を撒《ま》く。カエルも同じだ。カエルのオスは沼のなかでメスにしっかりとしがみつき、メスが卵を産んでから受精させる。また、サンショウウオには、クモに似た方法をとる種もある。オスは袋のなかに精子を入れて地面に置くと、ダンスをしながら、「精包」と呼ばれるその貴重な袋をメスの体に収めさせる。

このように交尾でペニスが使われないケースがあるにしても、ペニスが素晴らしいものであることに変わりはない。サメのように、ペニスを持つ魚も存在するほどだ。

ペニスを持つ
ホホジロザメ

大型のサメのオス（ホホジロザメ、コモリザメ、メジロザメ、オオメジロザメなど）はすべて、ペニスを2本も持っている。オスがペニスをメスの体内に挿入することで、確実に受精させられるように、腹ビレが円筒形に進化したといわれている。数えきれないほどの卵を作るサケと違い、サメはほんの少しの卵しか作らないので、ペニスは重要だ。サメの稚魚は母親の体のなかで成長してから生まれてくる。繁殖できるようになるまでには、何年もの歳月を要する。

非常に少ない卵を作って子どもを育てる生きものと、たくさんの卵を作る生きものの生態学的な問題については第5章「家族」で扱うが、サメと同じ戦略をとる生きものは、精子も時間も無駄にはできないので、交尾もより複雑になる。潮の流れや高波の影響を受ける海中で生きるサメにとって、交尾が簡単なものでないのは明らかだ。だからこそ、オスは一度の交尾につき1本しか使わないペニスを2本も持っている。

一方、サメのメスにとって交尾が簡単なものでないのは、しっかりとものを摑《つか》む手足を持たないオスが、メスの背ビレと胸ビレを歯で噛んで固定しようとしてくるからだ。そのため、メスの背中の皮膚は、オスよりもはるかに厚くできている。

なぜ鳥類はアレを失ったのか?

鳥類や爬虫類には、排泄系（尿）、消化系（便）、生殖系（精子や卵子）の機能を兼ねた「総排出腔」（クロアカ）という器官がある。オスは総排出腔からペニスを出すが、鳥類の多くはペニスを失ってしまった。ペニスを持つ鳥は全体のわずか3%で、それ以外の鳥は必要なときに総排出腔同士をくっつけて交尾をする。

ニワトリのように一瞬触れ合わせるだけで終了する種もあるが、オウムのようにかなり長い時間をかける種もある。第3章の冒頭で話したとおり、マダガスカル島に生息するクロインコのつがいが、51分間連続で総排出腔をこすりつづけた例もある。クロインコのオスは確実に交尾ができるように、本物のペニスのような総排出腔を体外に突出させる。

ほとんどの鳥類がペニスを持たないなか、ダチョウ、ヒクイドリ、エミューなど最古の鳥にはペニスがあるため、鳥類は進化の過程のある時点でペニスを失ったと考えられる。

なぜ、どのように、鳥類はペニスを失ったのか?

数年前、アメリカとイギリスの研究者グループは、鳥を3つのグループに分け、それぞれの胚の発達を比較することによって、「失われたペニス」の謎を解明しようとした。ひとつ目のグループは、ペニスを持たないキジ目（ニワトリ、シチメンチョウ、キジ）、ふたつ目のグループは、ペニスを持つカモ目（カモ、ガチョウ、ハクチョウ）、3つ目のグループは、ペニスを持ち、古代から生息しているダチョウ目（ダチョウ、ヒクイドリ、エミュー、アメリカダチョウ）だ。

ペニスを持たないキジ目の胚の発達を分析した結果、じきにペニスになる細胞の塊が発達しはじめるが、その細胞が初期段階で「アポトーシス」を起こす、つまり壊死《えし》を起こして死ぬことが確認された。さらなる研究によって、ペニスを失わせた犯人はBMP4と呼ばれる遺伝子であり、その遺伝子が作用すると、細胞の発達が阻害されることが明らかになった。BMP4はカモやエミューにもあるが、それらの胚では作用せず、何の働きもしない。つまり「ペニスキラー」の正体は判明したが、ペニスを失わせた動機はわからないままだ。

自然界には、必要のないものは消えてしまうという基本ルールがある。たとえば、かつて陸生動物だったシャチは、外洋で泳ぐ際に脚や毛を必要としなかったため、やがてそれらを失ってしまった。総排出腔をこすって交尾する鳥類の97％にペニスは必要ないわけだが、なぜ残りの3％にペニスが必要なのか？

その3％は、主にカモ目が占めている。カモ、ガチョウ、ハクチョウのオスは、安定したつがいを形成するにもかかわらず、メスに関係を強要することがあり、ときに本物の悪党になる。合意の上での行為であれば何時間でも総排出腔をこすっていられるが、そうでない場合は、オスにとってペニスはとても好都合だ。

コバシオタテガモは、南米に生息する小型のカモだ。オスの体は赤みがかっていて、頭は黒く、くちばしは美しい青で、ペニスは42・5センチ以上ある。

ぼんやりと読んでいるかもしれないあなたのために、もう一度。

……ペニスは42・5センチ以上ある。

彼らのペニスは勃起すると、1秒以内に体よりも長くなる。単に長いだけでなく、根元に棘《とげ》があり、先端には小型ブラシのようなものがついていて、コルク抜きのようにねじれている。棘はまさにネコのペニスに生えているのと同じで、それによってペニスをメスの体内にしっかりと固定し、先端のブラシで以前に交尾をした別のオスの精子を取り除く。

コバシオタテガモとすべてのガンカモ科のメスは、性器に関する進化の過程において、自分の身を守ったり、交尾する相手を選んだりできるように、非常に奥行きのある包旋形の性器を持つようになった。そのため、無理矢理《むりやり》に交尾をしようとするオスの精子を弾《はじ》き、好ましいオスの精子だけを受精させられるはずだが、常に望みどおりになるわけではない。

一方のオスは、メスの体内の複雑な経路で迷子にならなくてすむように、より長く、より早く勃起するペニスを作り上げることで、進化的に対応してきた。スピードが命だ。アメリカホシハジロのオスは、正しい姿勢でメスを捕らえたあと、１００分の36秒でペニスを勃起させることができるという報告もある。まさに、瞬く間にインだ。

性に熱心な哺乳類

このように、ほとんどの鳥がペニスを使わない一方で、哺乳類はペニスを大いに活用している。哺乳類の場合、オスがメスの体内にペニスを挿入して交尾する。体格や性に関する習慣によって、ペニスの形状や大きさはさまざまだ。

ゴリラのペニスは小さいし、ブタのペニスは引き締まっていてコルク抜きのようだし、シロナガスクジラのペニスは非常に長くてピンク色をしている。不思議なくらいに古くから存在しつづけている哺乳類、ハリモグラ科のペニスは四叉《よつまた》をしているが、交尾に使うのはそのうちのふたつだけだ。ナミハリネズミやアフリカタテガミヤマアラシのペニスは長いが、それは相手の棘だらけの背中に触れないようにするためだ。

サワアンテキヌスは小さな体に釣り合ったペニスの持ち主だが、その使い方は並外れている。本書のポッドキャスト版を制作するにあたって、どの哺乳類のオスが最も性に熱心かを調べるのが楽しみだったのだが、まさかネズミに似たオーストラリアの有袋動物だとは思ってもみなかった。

動物学者のアンドリュー・ベーカーが率いるクイーンズランド州のスプリングブルック国立公園の科学者チームによると、この気性の荒い小さな生きものは、1カ月にわたって、

1日12時間、とりつかれたように交尾をするという。1カ月という非常に短い期間、サワアンテキヌスは身を粉にして、見つけたすべてのメスと交尾をする。メスを探し、ライバルのオスと戦い、求愛し、交尾をして、次のメスに移る。1カ月間ずっと、来る日も来る日も、1日12時間、ライバルと戦っては交尾をするのだ。

そして、死を迎える。

オスがすべて死ぬ一方で、妊娠したメスだけは生き残るが、そのメスも子どもを産んですぐに死んでしまう。サワアンテキヌスの寿命はわずか1年なので、繁殖する時間が限られている。彼らの脳は、死ぬまでのすべてのエネルギーを交尾に注ぐようにプログラムされているのだ。

なぜヒトの排卵は隠されているのか？

一方、ヒトはどうだろうか？

ボノボは、私たちヒトに最もよく似た生きものだ。交尾では対面した状態を始めとするあらゆる体位を試したり、舌を使ってキスをしたりもする。オスとメスで、あるいは同性同士で交尾をする際は、隠れることなく、ほかの仲間がいる前で、15秒ほどの比較的短い時間で終わらせる。ヒトだったら、たとえばアイスクリームを買いに行く前に、広場のべンチでさっと性交をすませたりはしない。なぜかというと、私たちは人目を忍んで、じっくりと頻繁に、女性に生殖能力がないときでも性交をしたいからだ。

なぜ私たちは隠れて性交をするのか？　なぜ「慎み」が存在するのだろう？

慎みは、スーパーマーケットで買い物をし、車を運転し、子どもを学校に通わせている私たち「アパートメントで暮らすヒト」だけのものではない。

中央アフリカ共和国とコンゴ共和国の国境にある森にゴリラを見に行ったとき、ピグミー族という古い歴史を持つ狩猟採集民族に案内してもらった。彼らと生活をともにすることになったので、習慣を学んでおこうと事前に資料にあたったのだが、正直なところ、音楽や歌で名高い彼らが「音楽の民」と呼ばれていること以外、ほとんどわからなかった。彼らは古代エジプト人にも知られていて、踊りの技術の高さから「神々の踊り子」と呼ばれていた。

ピグミー族はアフリカの熱帯雨林に暮らす民族のなかで、最も古い歴史を持っている。私が見た彼らの生活はシンプルで、日中は狩りに出かけ、夕暮れどきには肉や塊茎、ココの葉などを焼いて食べる。夕食後は子どもたちと歌を歌い、皆で眠りにつく。カップルは自分たちだけの小屋を持っていて、そこで眠ったり、愛し合ったりして夜を過ごす。小屋は隣り合っているので、そこまで内密な感じはなかったが、あくまでも性交は隠されるべき行為だった。

私たちが持つ慎みの意味は、文化的側面からしか説明できないため、そこに進化的な意味を見出すことは容易ではない。それでも人前で性交しないことが、ヒトのはるかに生物学的なもうひとつの特性、すなわち「排卵の隠蔽《いんぺい》」と密接な関係にあるのは明らかだ。

私の飼い犬のヴェラとペニーは、年に2回排卵する。彼女たちはこの3週間の発情期にのみ発情し、近所に住むすべてのオスの心を乱す（例の服を着たミニチュア・ピンシャーは除くが）。

サルの場合、メスの尻、膣、そして乳首が膨らんだり色が変わったりすると、発情期であることが視覚的に周囲に伝わる。それらの信号がオスの性欲を掻き立てるのだ。ヒトの女性は排卵時であっても尻が赤くなることはないので、受精可能な時期が周囲に伝わらないし、排卵の正確な瞬間は本人にもわからないくらいにしっかりと隠されている。

以前、何人かの女友達に、自分の生理やホルモンの状態を把握しているか聞いてみたことがある。彼女たちは、排卵の時期になると性欲が高まったり胸が張ったりするのではっきりわかる、と教えてくれた。もちろん、そうでない女性もいるだろう。もし、女性が自分の排卵のタイミングを正確にわかっているとしたら、妊娠を防ぐために避妊具を使う必要はなく、望まない妊娠もないだろう。つまり彼女たちも、排卵のタイミングを完全に理解できているとは限らない。

ジャレド・ダイアモンドは、著書『人間はどこまでチンパンジーか？　人類進化の栄光と騒り』のなかで、人前で性交しないことと隠された排卵を説明する6つの仮説を挙げている。それらのなかには非常に変わった説もある。

1. ひとつ目の仮説は、ある人類学者たちによるものだ。人前で性交しないことと隠された排卵には、原始人のグループ内で男性同士の攻撃性と競争を減らす役割があったという。ダイアモンドは次のように述べている。「穴居人たちは、発情した女性をめぐって朝から大喧嘩《おおげんか》をしたあとに、どうやって見事なチームワークを発揮し、初歩的な武器でマンモスをしとめることができたのだろう？」やや男性優位ではあるが、もっともらしい考えだ。

2. ふたつ目の仮説も、ある人類学者たちによるものだ。排卵と性交が隠されていると、男女の一夫一婦制の絆が強まるという。男性が性交をひとりの女性とだけ行い、彼女と引きこもることは、「私たちはカップルです」と周囲に伝えていることと同じだ、と。この提言をした人類学者にとって、カップルは人間社会の根幹をなしているのだ。

3. 人類学者ドナルド・サイモンズによる3つ目の仮説は、多くの女性読者を怒らせるだろう（苦情があれば彼までお願いしたいので、名前を明記しておく）。その仮説は次のようなものだ。200万年前、私たちはチンパンジーのようなものだった。

つまり皆が皆と交尾をする、乱婚の社会に住んでいた。チンパンジーの社会において、最強のオスは、尻が赤く膨らみ、明らかに排卵の兆候を示している最もセクシーなメスと交尾をする。そして、メスに交尾をしようと説得するために、おいしそうな肉をプレゼントする。つまりヒトの女性がいつでも男性を性的に受け入れられるようになったのは、発情期でなくても性交と肉を交換できるようにするためだというのだ。また、人前で性交しないことについては、浮気を容易にするために始まったものだという。原始社会において女性は何の価値もなかったため、弱い男性にあたってしまった不幸な女性たちは、夫を裏切ることでより多くの肉を食べ、より強い男性と性交をする機会を得ていたという。

4. 4つ目の仮説は、生物学者のリチャード・アレクサンダーとキャサリン・ヌーナンによるものだ。彼らは、もし男性が妻の排卵の時期を知っていれば、そのときだけは妻と性交をし、それ以外はほかの女性のもとに行くことができただろうと考えた。つまり、女性は排卵を隠すことで、夫の気持ちを繋ぎとめていたというのだ。

5. 5つ目の仮説を説いたサラ・ブラファー・ハーディは、ゴリラなどの霊長類のオスが、メスに発情を再開させるために、自分の子どもではない子どもを殺すことがあることを指摘した。そのため、女性は自分の子どもを殺されないように排卵を隠し、生まれてくる子どもの父親が誰なのかを男性たちに知られないように、人目につかない場所で身を任せるようになったという。

6. 最後はナンシー・バーリーによる仮説だ。バーリーは、ホモ・サピエンスの新生児の体が大きく、出産には痛みを伴うことに着目した。アウストラロピテクスが性交と妊娠が結びついていることがわかるくらいに知能を発達させると、女性たちは出産の痛みを避けるために、お尻が赤くなったときは性交をしなくなった。そのため、彼女たちは子孫を残さなかった。一方で、性交と妊娠が結びついていることに気づかなかった女性は、子どもをたくさん産んだ。つまり、排卵の隠蔽は、女性が意図的に妊娠を避けないための手段として進化したというのだ。

正直なところ、これらは実に奇抜な理論であり、そもそもこの分野には確信できるものが何ひとつない。私は科学者として実験で何かを証明することはできないが、動物、生物学、化石、ヒトのDNAをモデルとして観察することで、現代にも通じる事実を推測することならできる。人前で性交しないことや排卵が隠されていることは、現代でも明らかに役に立っている。

私たちが持っているすべての情報を整理して考えてみよう。

1. ホモ・サピエンスはサルであり、社会的な動物だ。かつては小さかったが、今や巨大になった集団のなかで暮らしている。

2. 男性と女性の外見はわずかに異なっている。性別の見分けがつくので、一夫多妻制であることがわかる。
3. ホモ・サピエンスの男性の睾丸は、皆が皆と交尾をするチンパンジーの睾丸ほど大きくはないが、多くのメスのなかに1頭のオスしかいない群れで暮らすゴリラの睾丸ほど小さくもない。これは、ヒトが浮気を好むことを意味している。
4. ホモ・サピエンスは、陰茎骨の助けを借りずに勃起する大きなペニスを持っている。骨とサイズの損失は、小さすぎず大きすぎず、骨のないペニスで喜ばせてくれる適切な器官を持っている男性とだけ交尾をしようとする女性によって導かれた可能性がある。
5. 女性のオーガズムは男性のオーガズムと同じである。
6. 多くの場合、ホモ・サピエンスの子どもはひとりしか生まれない。子どもは自立までに、ほかの陸生動物に比べてかなり長い年月を要する。
7. 男女が恋をすること、たとえそれが特定の相手への一時的な感情だとしても、感情が激しく動くことが証明されている。

これは難問だ。非常に手ごわい。一夫多妻制の社会的動物は、子どもを育てるためにつがいでいなければならない。そのため、雄と雌は恋をして、快感のために交尾を行い、一夫一婦制になる。

カップルにとって、人目を忍んで引きこもる行為は、「私たちはひとつのユニットです」と周囲に伝えることだ。また、ふたつの個体がともに過ごして守り合うことでより強くなる排他的な核に、自分たちが属していると証明することでもある。男性にとって、妊娠可能な時期を周囲の男性に伝えない女性と付き合うのは、実に心休まることだ。嫉妬を感じずにすむし、ほかの女性たちから「妊娠可能な時期」を知らされることもないから、穏やかでいられる。

これは、おそらくはっきりさせるべき重要なポイントだ。私のような異性愛者の平凡な男にとって、「非発情期」から「発情期」に切り替わるメスのアウストラロピテクスというと、いわば分厚いソックスにパジャマ姿の髪をくくった女性が、12センチヒールと今にもなかが見えそうなミニスカートを穿いて、髪の毛を下ろした状態に変身するようなものだ。なぜ、オスのアウストラロピテクスは発情したメスに敏感に反応したのか？　彼らも私と同じで、平凡な異性愛者の男だったからだ！

また、排卵の隠蔽には、女性を暴力から身を守る効果があったと考えられる。先史時代にはレイプがかなり頻繁に起こっていたが、排卵の時期がわからないことによって、その頻度が抑えれていた可能性がある。このような進化の過程において、女性は自分にとって有利な選択をするようになっていったのだ。

原始人の男女は互いを性のパートナーとして認め合い、快感のために人目を避けて性交をし、子育てに協力するという一夫一婦制を築いていたにもかかわらず、互いに浮気をしてしまうこともあったというのは、想像に難くない。

女性はよりたくましい体を求めたのか、パートナーに満足できなかったのか、もしくは放っておかれてしまったのか。もちろん、男性側も同じ理由でほかの女性を見ることがある。そして男性はお腹に子を宿すことがないので、簡単に浮気ができる。

初期のサピエンスにおいては、浮気に対する社会的圧力があったと考えられる。当時も現代と同じく、浮気はいいことではなかったが、どんな決まり事も利点さえあれば破られただろう。では、私たちヒトは、一夫一婦制そのものを崩壊させるほど、多くの浮気をしているのだろうか？　それともしていないのだろうか？

ダイアモンドの疑問は的を射ていた。生まれてくる子どものうち、婚外子が占めるパーセンテージは90％か？　30％か？　それとも1％だろうか？

第4章

浮気

IL TRADIMENTO

キジバトは決してパートナーを裏切らない。一方が死ねば、もう一方は永遠に貞節を守り、緑の枝に休むことも、清らかな水を飲むこともない。

――レオナルド・ダ・ヴィンチ

浮気天国のツバメ

キジバトと同じく、ツバメは夫婦円満の象徴だ。私は幼いころ、9月の終わりを迎えると、アフリカに出発する準備を整えた数百のツバメが電線にとまっているのを祖父と見上げていた。祖父はよくこう言ったものだ。「さえずりが聞こえるか？　オスとメスが旅立ちのあいさつを交わしているんだ。来年の春にまたここで会おうってな」

アフリカに到着したツバメは、1月の終わりになると、約束どおりヨーロッパへの長い旅に出る。ふたたびフリウリ＝ヴェネツィア・ジューリアに戻ってくるには、サバンナ、サハラ砂漠、地中海を渡り、イタリア半島を縦断しなければならない。

当時、私の叔母はナイフを作る工房を所有していたが、毎年4月に戻ってくるツバメのつがいのために、扉を開けっぱなしにしていた。本当に同じつがいが毎年戻ってきていたのかはわからないが、少なくとも子どものころの私にとってはそうだった。

戻ってきたツバメのつがいは、まずあいさつ代わりにさえずり、すぐに古びた家を整えはじめる。くちばしに小さな泥の玉を入れて運んできて、1年近く放置されていた巣を補強し、修復するのだ。巣の底には藁《わら》や羽を敷き、より快適なものにする。つがいはその作業を終えると巣のなかに引っ込んでしまう。

私は、彼らが卵を産んで、それを温めているのだと知っていた。メスが疲れると、オスが代わる。2週間後、巣はとても騒がしくなる。数羽のヒナがかえり、父親と母親は日を追うごとに忙しくなっていった。ヒナに餌をやるために、見つけてきた虫を口に咥《くわ》え、行ったり来たりを繰り返す。1カ月もすると、成長した子どもたちが巣から出てきた。最初はおそるおそるだったが、じきに自信を持って飛び立てるようになった。

私は、電線の上で両親から餌を与えられつづけている子どもたちが、しだいに自立していくのを眺めていた。ツバメの子どもたちはやがて親の助けを借りることなく飛び立ち、自力で餌を見つけられるようになり、ついには完全に自立する――そんな想像をした。なんという素敵な家族だろうか。

だが90年代に入ると、こうしたロマンティックでのどかな空想の世界は崩れ去った。現実離れした夢想家である私は、衝撃的な情報を耳にしたのだ。当時、私の友人であり、ミラノで動物行動学を教えていたニコラ・サイーノは、非常に興味深い実験を行っていた。彼は生徒たちとロンバルディア地方の家畜小屋を回ってツバメの巣を探し出し、見つけたすべてのツバメの家族を捕獲して、父親、母親、ヒナたちのサンプルを採取した。そしてDNA鑑定を行い、父親、母親、ヒナたちの血縁関係を確認したのだ。ずいぶん変わったことをするものだと私は思った。彼らの血縁関係は、「父親、母親、子どもたち」に決まっているじゃないか!

しかしながら、私のツバメに対する甘い妄想は、あえなく打ち砕かれた。巣で生まれた

つがいでヒナを育てるツバメ

ヒナの30%は、その巣にいる父親の子どもではないことが判明したのだ。

ロマンティックな夢想家にとって、それはあまりにショッキングな情報だった。

さて、あなたはハクチョウを知っているだろうか？ 見事なつがいを形成し、白い体とオレンジ色のくちばしを持つハクチョウを。互いに長い首を交差させて、ハート形を作り出すハクチョウを。

何が言いたいかというと、彼らも浮気をするのだ！ なんとハクチョウのヒナの30%は、実の父親の子どもではない。

私は今でもこのことにショックを受けているし、もしオウムもそうだったら本当に耐えられないので、オウムのDNA鑑定をしようと思い立つ人間が現れないことを願っている。もちろん、悪いのはメスだけなわけではない。すべての巣で3羽のうちの1羽が別の父親の子どもであるなら、オスも積極的に浮気をしていることになるからだ。

浮気について語ることができるのは、交尾をし、子育てに協力するパートナーとして認め合う雌雄のあいだに、ある種の道徳的、生理学的、生物学的、行動学的な合意があるときだけだ。どちらかが合意を尊重しなければ、それは浮気である。

一夫一婦制が平穏なのは、オスが子どもの父親であることが確実であり、ハーレムを守るストレスがなく、雌雄が互いに協力し合うというメリットがつがいの生活にあるからだ。

逆に、一夫一婦制の欠点は、単調で多様性が生じないことだ。第1章では、性交が遺伝的多様性を生み出す原動力であること、そして一夫一婦制はそれと相反する概念であることを見てきた。つまり、雄雌が互いを唯一のパートナーとして認識する一夫一婦制そのものがきわめてまれな状態であり、また、それはつがいでなければ生きられないような過酷な環境に生きる種にしか見られない状態であるということだ。

第3章ではピグミー族についてお話しした。彼らは狩猟採集民だったころの私たちを見せてくれる、窓のような存在だ。彼らの暮らす森では、生き残ること自体が博打《ばくち》だ。強い毒を持つ植物やヘビを踏めば死ぬし、方向感覚がなければ死ぬし、ゾウに出くわせば死ぬし、きれいな水を蓄えているつる植物を見分けられなければ死ぬし、狩りができなければ死ぬし、病気になれば死ぬし、寝る場所を間違えれば死ぬ。

一方で、その森の端に住む農耕民族であるバントゥー族の暮らしは、はるかに便利だ。市場で売ることができる食料を豊富に持っているし、快適な家に住んでいるし、水と電気もある。

地理的にはとても近くても、文化やステイタスの面で遠く離れているこれらの民族の違いは、ピグミー族の父親たちが狩りを終えるとパートナーのもとに戻り、子どもを抱きしめて遊ぶのに対し、バントゥー族の父親たちは、家庭内で生まれた子どもが本当に自分の子どもなのかわからないほど、乱婚性が強い点にある。

気の多いヨーロッパカヤクグリ

一夫一婦制が多い鳥の世界は、浮気について非常に興味深い知識を授けてくれる。ヨーロッパカヤクグリ〔イタリア語でpassera scopaiola。scopareには、「箒で掃く」「セックスをする」という意味がある。〕は、その名に自らの運命を表している小さな鳥だ。尾で地面を掃くような歩き方に由来するという説もあれば、箒《ほうき》に使うモロコシの近くに営巣することに由来するという説もある。

ケンブリッジ大学植物園にはヨーロッパカヤクグリの個体群が生息しているため、その生態についてはよく知られている。数年前、鳥類学者たちが植物園内のヨーロッパカヤクグリを捕獲し、識別のためにリングをはめて調査したところ、48羽のオスと31羽のメスがいることが判明した。

オスはそれぞれの縄張りを守っているが、オスの数がメスよりも多いため、オスとメスがつがいになるほか、オスが単独でいたり、あるいは2羽のオスがメスを共有して暮らしたりしていた。つまり、ケンブリッジのヨーロッパカヤクグリは、一夫一婦制と、1羽のメスが複数のオスを持つ生殖戦略である一妻多夫制をとっていた。

2羽のつがいの場合、メスはさほどオスに忠実でないので、オスはメスの世話をしたり、近づいてくるすべてのオスを追い払ったりするために、大半の時間をメスのそばで過ごす。3羽のグループの場合、1羽のオスは強い立場、もう1羽のオスは弱い立場となるが、たとえ弱い立場でも、交尾のチャンスがあれば必ずものにする。交尾を好むメスはいつでも彼らを受け入れるし、その性質は相手が通りすがりのオスでも変わらない。そのため、正式な夫は妻への求愛にたっぷり時間をかけ、その際に彼女の総排出腔をそっとつつく。彼女がそのことを望んでいるのは、その素敵な気配りをしてもらおうと、尾を高く上げて羽を下ろしていることからも窺《うかが》える。

研究者たちは、メスの興奮状態が最高に達したときに白っぽい小さな袋のようなものが排出され、オスがそれを見届けてから交尾を始めることに気づいた。その白っぽい小さな袋を分析すると、メスがその前に交尾をした別のオスの精子が含まれていることが判明した。つまり、オスはこのような風変わりな求愛をすることで、別のオスのヒナを世話することになるリスクをおさえているのだ。

このヨーロッパカヤクグリのメスの行動を進化論的に説明するなら、多くのオスに身を任せることによって、自分の子どもの遺伝子を多様化させることを何よりも重視しているといえる。子どもの遺伝子を多様化させるということは、子どもにより多くの生存のチャンスをもたらすことだが、こうした浮気性のメスの行動に、新たな根拠を見出《みいだ》した近年の研究がある。

利益をもたらすアオガラの浮気

アオガラは、エナガと並んで私の大好きなシジュウカラ科の鳥だ。アイマスクをしているかのように目元に黒い線が入っていて、頭部と羽は青く、胸元は黄色をしている。美しく色鮮やかで、小さくて人懐っこい。

アオガラはヨーロッパカヤクグリ、ツバメ、ハクチョウなどと同様に、一夫一婦制の傾向があるが、メスが複数のオスと交尾をし、生まれてくるヒナに2羽から4羽の異なる父親がいるケースもある。これまで見てきたように、オスはコストの低い精子をばら蒔くことにあらゆる利点を持ち、メスはより強くたくましいオスを選ぶことで、子どもの遺伝子を多様化させることができる。性別にかかわらず、それぞれの個体がそれぞれの利益を得ているのだ。

シグルーン・エリアッセンとクリスチャン・ヨルゲンセンが仮説として打ち出した進化モデルによれば、アオガラの浮気はそれぞれの個体だけでなく、コミュニティ全体に利益をもたらしているという。つまり、メスの行動によって、オスは自分の巣の子どもだけでなく、隣の巣の子どもも守るようになる。言い換えれば、オスは、隣の巣に自分の子どもがいることを自覚しているので、隣の巣を自分の巣と同じように積極的に守るのだ。

ノルウェーのベルゲン大学に所属する進化生物学者アデル・メネラトは、ある実験によってこのモデルを検証し、卵からかえったばかりのヒナが、ネコやリスやラットによって捕食されると、正式な夫の縄張りの隣の縄張りを守っているオスに、メスが身を任せる可能性が高くなることを指摘した。

メネラトが行った実験とは、交尾が始まる前に、いくつかの巣の横にラットの剝製を置き、いくつかの巣の横には何も置かないでおくというものだ。その後のDNA検査の結果、剝製の捕食者に脅かされた巣では、脅かされなかった巣よりも、たくさん浮気相手の子が生まれたことがわかった。進化モデルが予測していたように、オスは積極的に警戒音を出したり、捕食者を追い出そうとしたりして、身を任せてきたメスの巣を積極的に守ろうとしていた。この見解は、進化上の優位性を単一個体からコミュニティ全体にシフトさせている点で新しいものだ。

いくつかのことに的を絞って、話を整理してみよう。浮気によって最も利益を得るのは誰だろう？　オスか？　メスか？　両方か？　それともアオガラのコミュニティだろうか？

進化上の優位性は、この世に生まれてくる子どもの数で測ることができる。メスはより多くのオスに身を任せることによって自分の子どもの遺伝子を多様化させ、積極的に子どもを守ることができるので、利益を得ている。オスもまた複数のメスと交尾をすることで、パートナーとの子どもだけでなく、ほかのメスとの子どもも持つことになるため、利益を得ている。そして、自分の巣だけでなくほかの巣も守ることは、コミュニティ全体に利益をもたらす。

こうした行動を通じて、非社会的な鳥は社会性を身につけるのだと考える人もいる。浮気のなかに社会性の種があるというのはなんとなく面白いし、興味深い。

さて、次は私たちヒトの番だ。哺乳類は安定したつがいを形成しないため、通常は互いを裏切ることはない。哺乳類はイヌ科や一部のサル、それ以外のわずかな種を除いて、基本的に一夫多妻制だが、浮気や父性の確実性の問題を前にしては、平静でいられない。メスに刺激を与えるためにオーラルセックスを行うインドオオコウモリのオスを覚えているだろうか？　あの行為には、メスの体内からほかのオスの精子を取り除く目的もあるようだ。つまり、インドオオコウモリのオスも、ヨーロッパカヤクグリのオスに似た行動をとっていることになる。

ヒトの浮気は何%か？

では、ヒトはどうだろう？

第1章で話したとおり、かつてホモ・サピエンスは、大型類人猿と同様に一夫多妻制だったが、進化の過程におけるある時点で一夫一婦制になった。それによって、新石器時代に一夫一婦制の両親から生まれた子どもには、父親がいない状態で生まれた子どもに比べて、より生存できるチャンスが与えられた。

しかしながら、自分が父親であることを確信している忠実なオスが、同じように忠実なメスとつがいになるというオウムやペンギンのような一夫一婦制は、ヒトにとって3万年前にはすでに幻でしかなかったのだ。

浮気はヒトの行動の一部だが、実際に浮気はどれくらい行われているのだろう？　ヒトの家庭には、浮気によって生まれた子がどれくらいいるのだろう？

ジャレド・ダイアモンドは著書のなかで、1940年代後半のアメリカのある町を舞台にした物語を紹介している。この話は、ダイアモンドが「X博士」と呼んでいる匿名の医師から聞いたものだ。

当時のX博士は、その数年前にカール・ラントシュタイナーとアレクサンダー・ウィーナーによって発見された血液型の遺伝学を研究していた。彼らの研究により、私たちの赤血球はタンパク質でコーティングされているか、もしくは表面に何もない裸の状態になっているかのどちらかであることが明らかになった。細胞がどのようにコーティングされているかによって、A、B、AB、Oの4つの異なる血液グループが存在し、Rh因子がある場合はRhプラス、ない場合はRhマイナスとなる。

たとえば私はO型のRhマイナスだが、これは私の赤血球が完全に裸の状態であり、拒絶反応の心配をせずに、どの血液型の人にも血液を提供できることを意味している。当時、血液型の遺伝学の研究が重要だったのは、輸血の問題に加えて、母子間にRh因子の不適合があり得たからだ。

Rhマイナスの血液を持つ女性がRhプラスの子を出産した場合、その後に身ごもった胎児に対する免疫反応が起きる可能性があり、場合によっては胎児が死んでしまうこともあった。現在では、新しい技術や薬、そしてX博士のような医師による研究のおかげで、この重篤な疾患の発症率は劇的に下がっているが、当時は問題視されていた。

Rh因子と血液型は親から遺伝するので、X博士は病院に行き、1000人の新生児とその親の血液をそれぞれ採取し、血液型を確認することにした。もし私の父がO型、母がA型で、私がAB型である場合、父は私の本当の父ではない。X博士は、このような生じるはずのない血液型の組み合わせが、分析したサンプル全体の10%を占めることを明らかにした。つまり、1000人の子どものうちの10%が浮気によって生まれたということだ。

当時は検査の精度が低かったから、実際の割合はもっと高かったのではないだろうか。

もうひとつ考慮すべきなのは、1カ月間でなされる性交のうち、実際に妊娠に繋がるものは非常に少ないということであり、つまりは浮気をしていた妻がそれだけ多かったということだ。正確なパーセンテージを出すことはできないが、仮に30%程度だと見積もっても、それほど事実から遠い数字ではないと思う。X博士は非常に恥じていたし、40年代末のアメリカでは、人間の性に関する研究はいかなるものもタブーだったので、その結果が公表されることはなかった。

しかしその後、実のところあまり多くはないが、いくつかの研究が行われた。そして家庭における婚外子の割合は1%から30%であり、その数字は社会的、文化的、宗教的な背景によって変わることが明らかになった。つまり、ヒトの一夫一婦制は、ツバメとハクチョウにやや近いことになる。

古代中国の皇帝の浮気予防策

古代中国の皇帝にとって、自分と血の繋がりのない子を我が子とすることは、どんな手段を使っても阻止しなければならない脅威だった。皇帝は意のままになる女性たちを集めたハーレムを持っていて、女性たちの人数は数千人にものぼった。

ハーレムの序列のいちばん上は皇后、その下に妻たちと愛人たちがいる。皇后は皇帝の「正妻」であり、彼女の上にいるのは夫と姑《しゅうとめ》だけだった。皇帝は妻とは別に、高位、中位、下位の側室を持つことができ、ときにそれは途方もない人数に達した。

側室の選定は3年ごとに紫禁城《しきんじょう》内で行われていた。候補者の年齢は14歳から16歳で、品格、性格、容姿を考慮して選ばれた。漢王朝時代（紀元前206年〜紀元後220年）には、桓帝《かんてい》と霊帝《れいてい》が王宮に2万人以上の側室を住まわせていたが、ハーレム内に立ち入るのを許されていた男性は、睾丸を摘出された宦官《かんがん》だけだった。漢の時代には、少なくとも10万人の宦官が皇帝のハーレムで仕えていたと言われている。

中国を618年から907年まで支配した唐王朝時代の皇帝は、自分と血の繋がりのない子を我が子とする可能性を排除するために、厳密なシステムを考案した。宮廷内の多くの侍女は、皇帝が相手を最も妊娠させやすい日に性交できるように、何百人もの妻や側室たちの月経の日付を台帳に書き込んだ。台帳には性交をした日付も記し、その日付を女性たちの腕に入れ墨で記録した。そして、性交のたびに妻や側室の足に輪をはめた。唐王朝時代の皇帝は、巨大なハーレムのなかで宦官を唯一の男性使用人とすることによって、自分以外の男性が女性たちを妊娠させる可能性を徹底的に排除し、女性たちに入れ墨をして性交の詳細を記録することによって、私たちヒトに特有の、隠された排卵という古くからの問題を解決していたのだ。

「妻の子どもは自分の子ども」

一方で、家庭内で生まれた子どもに関して、父親であることの確実さが問題にならない文化もある。ヒンバ族は、ナミビア北部の乾燥した草原で、雌牛やヤギを育てている遊牧民だ。私が初めて彼らに会ったのは、アンゴラとの国境にあるプーロスだった。驚いたことに、彼らの村は乾燥した砂地の真ん中にあった。周囲に日陰を作る低木はなく、藁と糞で作られたわずかな小屋は、棘だらけの枝でできた丸い囲いで覆われていた。

私が到着したのは朝だったが、村にいたのは女性と子どもだけで、男性はヤギの世話のために外出していた。玄武岩の黒い山々がスケルトン・コーストまで続く狭い谷を形成しているこの地域は、極度に乾燥しているにもかかわらず、地下水が湧き出し、野生動物やヒンバ族が飼っているヤギの群れにとって、素晴らしいオアシスとなっている。子どもたちが村を訪れた私を無邪気に、鼻水を垂らしながら迎えてくれるなか、女性たちは村の中心で燃えつづけている聖なる火のそばにたたずんでいた。

ヒンバ族の女性はとても優雅で、繊細な顔立ちと、引き込まれるような深い目をしている。体や髪に黄土、バター、ハーブなどを振りかけているのは、美しく見せたり、香りを漂よわせたり、日差しから身を守ったりするためだが、水で洗わなくてもすむようにという事情もある。たくさんの宝石、ネックレス、イヤリング、ブレスレットを身につけていて、髪型は既婚者と未婚者で異なる。

男性は女性と比べて魅力的とは言えず、暗い色の帽子をかぶり、しわしわのシャツを着ているくらいだ。それでもなかには、子どものころから髪の毛の太い束をレイヨウの角のように後ろに垂らしている人もいる。

彼らにとって浮気は当たり前のことであり、非難されるものではないため、婚外子の誕生は問題にならない。アメリカの人類学者ブルック・シェルツァが最近発表した説によると、ヒンバ族における婚外子の割合は48％にのぼり、これは彼らのコミュニティで生まれた子どもの半数が、正式な父親ではない男性の子どもであることを示している。

シェルツァによると、ヒンバ族は皆が皆の父親であるという、いわゆる「社会的父性」の考えを持っている。いわば、自分の巣だけでなく、隣の巣やそれ以外の巣も守るアオガラのようなものだ。ヒンバ族にとってこれが可能なのは「妻から生まれた子どもは自分の子ども」だからだ。

また、浮気や父性の確実性の問題を女性たちの手に委ねることで解決していた、誇り高き戦士の民族もいた。南インドに暮らし、戦士のカーストに属していたナーヤル（またはナーイル）族だ。男性は傭兵《ようへい》として働き、女性は上位カーストの召使いとして働いていた。この勇ましい戦士たちは、高い戦闘技術と、名誉を守るための厳格な規範を持っていた点で、日本のサムライに通じるものがある。

ナーヤル族の家族は、兄弟とその姉妹、そして姉妹の子どもたちで成り立っていた。「タラワード」と呼ばれる家族に属すのは、母系の厳格な規定に則《のっと》って生まれた子だけだった。要するに、同じ母親を持つ兄弟姉妹と、その母方の子孫だけが家族を構成できたのだ。ナーヤル族の父親は、自分の子どもではなく、姉と妹の子どもを養育する。この奇妙なルールは、女性がいわゆる通い婚の夫として、複数の男性を受け入れていたことに基づいている。この点について簡単に説明しよう。

たとえば私が若いナーヤル族の戦士で、素敵な女性に出会ったとする。彼女が私を気に入ってくれたら、私は彼女の家に行って、互いに何の義務も負わずに性交することができる。その後、私は別の女性と知り合い、その女性の家に行くこともできるし、逆にそうならずに、体の関係を持った元の女性の家にとどまって、彼女への愛を深めることもできる。女性と気持ちが通じ合えば、結婚に似た正式な契約を結び、少なくとも年に3回、彼女に贈りものをすることを約束する。私は妻になった彼女の家に滞在し、性交をすることが許されるが、妻は自分が望むすべての男性を自宅に受け入れることができるので、私には妻に対するいかなる経済的支援も義務づけられない。

妻が妊娠すると、私はお腹の子が自分の子どもであると見なし、その子どもを認めなければならない。そうしなければ、私は妻に家から追い出されてしまうからだ。とはいえ、子育てをするのは妻の家族なので、私が子どもに対して義務を負うわけではない。おじ、母、兄という、つまりは子どもと確実に血縁関係がある人たちが子どもの世話をするのだ。インドがイギリスの植民地になると、ナーヤル軍は解散し、このような特徴的な婚姻関係もなくなっていった。

穏やかなヒンバ族は、すべての子どもをもてなし、妻を尊重することで、父性の確実性の問題を解決した。また、公に認められた自由な社会で暮らしていたナーヤル族の戦士たちは、こうした問題から解放されていた。ヒトの男性が妻の浮気を防止しないケースは、私が知っているなかではこのふたつだけだ。

ヴェールは体の一部を覆い隠す薄い布である。歴史上で初めて使用が確認されたのは古代バビロニアで、身分の高い女性たちのあいだで広まっていたことが記録されている。中世でも貴族の女性はヴェールで首や髪を覆っていたが、そこまでときをさかのぼらなくても、私は祖母が外出のときにスカーフを巻いていたのを覚えている。一方で、イスラム教の女性が身につけているヴェールは、宗教的、文化的アイデンティティの象徴だ。

一口にヴェールといっても、国によって着用方法や裁断方法は異なり、バラエティに富んでいる。たとえば、「ヒジャブ」は髪と首を覆うが顔は隠さない、いわゆる普通のスカーフだ。「ニカブ」は頭と顔を覆うが、目の部分だけは隠さない。「チャドル」は体をすっぽりと包むマントだ。これらはすべて、髪、顔、体形を隠している。イスラムの女性の宗教的アイデンティティは、このような服を通して表現される。

宗教的な戒律は、社会的な集団の結束を保つだけでなく、衛生に関する規則を課すことにも役立つ。1000年前、暑い国で食べられていた豚肉には命を落とす危険のある寄生虫がついていたため、豚肉を口にするのを禁じることが、人々の健康にも繋がった。また、ユダヤ教の戒律では、祈る前、食べる前、トイレに行ったあと、墓地に行ったあとに手を洗うことが義務づけられている。

今日の私たちにはこの戒律の意味は明らかだが、2000年前はそうではなかった。信者ではない私は、宗教的な戒律は神が示したものでなく、コミュニティを守り、維持するためのルールとして、人間が書いたものと考えている。髪、顔、そして体形を覆うという戒律は、妻や恋人や娘をほかの男性から隠し、彼女たちが誘惑したりされたりするのを防ぐために、男性たちが書いたものだ。つまり、女性に浮気されることを心配する男性たちが考案した戒律なのだ。

浮気という罪

このような服装を女性に課すイスラムの法は「神の法」であるが、中国、アフリカ、日本、ユダヤ、イギリス、フランス、イタリアの「地上の法」も、常に男性優位の不均衡なものだった。今日でも一部の文化において、妻の浮気は夫に対する侮辱と考えられている。男性は被害者として、暴力的な復讐《ふくしゅう》から離婚に至るまで、弁償を求める権利を持つ。逆に男性が浮気をした場合、被害者は妻ではなく浮気相手の夫であり、浮気相手が未婚であればその父親である。

　こうした不条理が、時間的にも空間的にも私たちから遠く離れたものだと思ってはならない。西洋の社会に司法制度ができてから、1810年にフランスで既婚男性が妻の了承を得ずに愛人を家に住まわせることを禁止する法律が制定されるまで、男性の不貞行為は処罰されることがなかった。それはイタリアも同じだ。イタリアが姦通《かんつう》を犯した女性を厳しく処罰していた時代から50年ほどしか経《た》っていない。かつて、イタリアの刑法は次のように定めていた。

「違法な肉体関係を発見することや、自分もしくは家族の名誉を傷つけられたことによって生じた怒りのために、配偶者、娘、姉妹を死亡させた場合は、3年以上7年以下の懲役に処す。同じ理由によって、配偶者、娘、姉妹と違法な肉体関係を持った者を死亡させた場合も同様とする」

　つまり、妻、娘、もしくは姉妹と寝た男を殺した場合、懲役3年が科せられた。前科がなければ執行猶予がつき、刑務所にも行かずにすんだ。名誉の殺人に関する法律は1981年に廃止された。本当につい最近のことだ。イタリアの法律において、男性は妻の所有者であるだけでなく、未婚の姉や妹、娘の所有者でもあった。

１９６９年に廃止されたもうひとつの驚くべき法律は、次のようなものだ。

「姦通した妻を1年以下の懲役に処す。姦通の共犯者も同様に処罰される。不倫関係の場合は2年以下の懲役に処す。夫の告訴により処罰する」

つまり50年前まで、夫が不倫した妻を告訴した場合、妻は1年の懲役刑に処せられていた。そして、相手の男性も同じように処せられた。ふたりの恋愛関係が証明されると、刑期は2倍になった。信じられないことだ！

ここで私は、地球に生息する生きものの一部としてヒトを見ている、宇宙人の生物学者としての冷静さも、本書で進化生物学的な問題を語るうえでの軽快さも捨てて、ある問題に立ち向かわなければならない。人間の男性が女性の浮気から身を守るために行っていることのなかには、先ほど紹介したような不条理な法律以上に、残忍で非人間的なものがある。とはいえ、地球上には神の名のもとに女性を殺し、辱めたり服従させたりすることを目的に拷問する生きものは人間以外に存在しないので、そうした意味では人間的だ。

女性のことを、感情、権利、志、希望を持っている人間でなく、殺したり、拷問したり、体を切り刻んだりできる所有物だと考えている人たちがいる。そのような人たちに、浮気をしたことで罪人と見なされた女性は、鞭《むち》や石で打たれて殺される危険性がある。また、性交の際に快感を得ることのないように、少女たちの陰核と小陰唇を切除する慣習がある。大陰唇は針と糸で縫合され、経血を外に出すための小さな穴だけが残される。結婚の際に縫合部をふたたび開く処置がなされ、必要とされればふたたび閉じられる。こうした行為によって引き起こされる恐ろしい感染症によって、多くの少女が命を落としている。

人間であることを否定される恐ろしい拷問がなぜ存在するのか、考えてみてほしい。女性にとって性行為を苦痛でしかないものにすることで、獣のような人間は、女性の浮気から身を守ろうとするのだ。性器切除は、先史時代の部族の慣習ではない。現在、アフリカ諸国、アラビア半島、東南アジア、さらにはラテンアメリカの少なくとも27カ国にこの忌まわしい蛮行が蔓延《まんえん》している。犠牲者が最も多い国はソマリアで、女性の90％が性器切除を受けている。世界保健機関によると、現在、1億から1億4000万人の少女が性器を切除されており、その数は毎年300万人ずつ増加しているという。最も多く行われているのはアフリカだが、決してヨーロッパに存在しないわけではない。イタリアでは8万人、フランスでは12万人の女性が性器切除の危険にさらされている。

この数字は実に恐ろしいものだ。信じがたいことに、国際連合総会が女性性器切除という慣習に対して、廃止のための世界的な尽力を求め、それが女性と少女の権利のはなはだしい侵害であることを認め、反対する決議を全会一致で採択したのは、ついこのあいだの2012年なのだ。

中立性は、生物学者、動物行動学者、人類学者、歴史学者に求められる素質である。それでも、文化によって課せられた性器切除という拷問の前で、私は中立ではいられない。

話を元に戻すのは困難だが、もう一度、宇宙人の生物学者として語っていきたいと思う。私たちヒトは婚姻関係を結ぶが、自分の巣以外の巣も守るアオガラのオスの要素を少し持っていることを、ヒンバ族が教えてくれた。そして、私たちはよその巣に自分の子どもを作ってしまうツバメの要素も少し持っているが、それと同時に、誠実で、愛情深いテナガザルのようでもあることを、X博士が示してくれた。

このように複数の要素を持ち合わせているのは、私たちが社会的な動物だからだ。父親、母親、子ども、祖父母で構成される家族のなかに、ヒトの社会性の核がある。誰もが特定の役割を担っているが、次の章で見ていくように、それは私たちヒトに限ったことではない。

第5章

家族

LA FAMIGLIA

オハナって家族のことだってパパが言ってた。（略）家族は誰のことも見捨てない。忘れることもない。

――映画『リロ＆スティッチ』のリロ

リロの家族では、誰も見捨てられたり、忘れられたりしない。スティッチのような風変わりな宇宙人でも。映画『リロ＆スティッチ』で、リロがスティッチは悪い子だけれども、家族の一員だから追い出さないでほしいとお姉さんにお願いするシーンを見るたびに、胸が締めつけられる思いがする。しかしながら、映画に出てくるような、父親、母親、たくさんの兄弟姉妹、祖父母が支えあう理想的な家族は、自然界ではまれだ。

生態学者は家族をふたつに分類している。ひとつ目は、蚊、サケ、カエルの家族。ふたつ目はサメ、ヒト、オウムの家族だ。ひとつ目の家族では、オスとメスが出会い、交尾し、おびただしい数の受精卵を産み出して、運命に身を委ねる。この戦略（R戦略）をとっている種のライフサイクルはとてつもなく速い。生まれ、すさまじい数の子どもを残し、あっという間に死ぬ。ふたつ目の家族では、オスとメスが出会い、ほんのわずかな子を産み、守り、育てる。この戦略（K戦略）をとる種は長生きし、年をとっても繁殖し、子どもたちは長い時間をかけてから温かい家庭を出て、独立していく。

子を運命に託すオサガメ

数年前の夜、私はガボン共和国にあるポンガラ国立公園のビーチを、数日間さまよっていた。世界で最も大きく、神秘的なウミガメであるオサガメを見るためだ。

オサガメは、体長2メートル、体重600キロという、まさに堂々たる爬虫類だ。1月になると、メスは産卵のためにアフリカ大陸の海岸にやってくる。私は現地に到着した最初の夜、ブルドーザーが通ったあとのような、満潮時についた波の跡に沿って浜辺を歩いていた。やがて、乾いた砂を掘っているオサガメの姿を見つけた。本当に大きくて、400キロ以上はあったと思う。ヒレがついてはいたが、まるで70年代のフィアット500のようだった。オサガメは片方の後ろ足で砂を固めながら、もう片方の後ろ足で巣穴を掘っていた。このような重労働に励んでいるときの生きものは非常に警戒心が強いので、私は近寄ることなく、カメには見ることができない赤外線を遠くから当てるにとどめた。

オサガメのメスは2、3年ごとに産卵のための巣穴を掘る。生殖活動をしない期間、メスは大西洋の中央エリアと南米沿岸でクラゲをたくさん食べて過ごすが、繁殖のタイミングがやってくると、アフリカ大陸の海岸を目指して泳ぎだす。8000キロもの距離を移動して、生まれた海岸に巣穴を掘りに帰るのだ。巨大なメスと交尾をしたオスは海のなかに残るが、メスは巣穴を掘って卵を産む。

産卵の際、ウミガメのメスはトランス状態になり、周囲の状況がわからなくなる。そのため、産卵が始まってからは、ゴルフボール大の卵が穴のなかに落ちていくのを間近で見ることができた。総排出腔にぐっと力が込められるたびに、真っ白でやわらかい2、3個の卵が落ちていく。繁殖期にメスは約200個の卵を産み、それを1週間間隔で掘った4、5個の巣穴に分ける。それでもすべての卵が孵化《ふか》するわけではない。たくさんの卵のいちばん上に並んだ、最後に産み落とされた卵には、その下にある卵を捕食者から守る役割しかない。捕食者は巣穴を見つけても、表面にある卵だけをたらふく食べて、その下の卵にまで手をつけないだろう。

産卵から約1時間後、メスは巣穴を砂で完全に覆うと、場所を特定されるのを防ぐために、円を描くように動きはじめた。かなり長いあいだそこにとどまり、回転を繰り返し、砂を押しつぶして偽の巣穴を掘っていた。西部劇に出てくるネイティブアメリカンが、馬の足跡を小枝で隠すのとまったく同じだ。大変な作業をやり遂げたメスは、海に向かって進みはじめ、やがて波間に消えていった。

子どもたちに巣穴を与えて、覆い隠す。オサガメの母親が子どもたちのためにすることはこれだけだ。卵がかえったときには保護者はおらず、巣には見張り番もいない。2カ月後に卵はいっせいに孵化し、子どもたちは海へといっせいに走り出す。その激しい競争のあいだに、子どもたちの大半は、カモメ、イヌ、ネズミ、カニといった捕食者の餌食になってしまうだろう。わずか数匹だけが海にたどり着き、親から何の助けも得ることなく、危険な冒険を始めるのだ。

マグロ、サケ、カエル、ヒキガエルも同様だ。メスは卵を守らずに、何十万個もの卵を環境や捕食者のなすがままに置き去りにする。1000個の卵を産めば少なくとも1個はおとなになるという事実に頼って、数に賭けるのだ。しかし、なかには子どもの世話をする魚や両生類も存在する。

マッチを持たされたタツノオトシゴ

動物学にはある明白な規則が存在するが、本書では正式にこれを「マッチの規則」と名付けたいと思う。どのような規則かというと、交尾のあと、受精卵を託された生きものは、火のついたマッチを持たされているかのように、すみやかに子どもの面倒を見なければならないというものだ。しかし、マッチを持たされるのがメスとは限らない。

魚の場合、メスが卵を産み、そのあとでオスが受精のためにやってくることが多い。つまり、マッチを手にしてその場に残り、卵と子どもの世話をしなければならないのはオスなのだ。自然界にはよい父親の役割を果たしている魚が多く見られるが、おそらく最も有名なのはタツノオトシゴだろう。

タツノオトシゴのオスはメスが産んだ卵を入れる育児嚢という袋を備えている。求愛の際、オスは誇らしげにメスに袋を示し、メスが気に入れば、それぞれは息を合わせて独特の振り付けのダンスを始める。やがてメスは袋のなかに卵を産み、オスはそれを受精させて世話をする。懐胎は種によって10日から28日ほど続き、最終的にオスが出産する。オスが体をけいれんさせるたびに、おびただしい数の小さなタツノオトシゴが育児嚢から出てきて、親の力を借りずに泳ぎはじめ、尾を使って海の底にしがみつく。本当にオスが出産しているかのような光景だ。

あまり知られていないが、イトヨのオスも育児をする。イトヨは小型の淡水魚で、オスが自分の縄張りを守っている。メスはパートナーを選ぶと、その縄張りに入って卵を産み、オスに受精と子育てを任せて去っていく。信じがたいことに、オス同士は卵の世話をめぐって、互いの卵を奪い合うくらいの激しい競争を繰り広げる。イトヨのオスは、子孫を大事に守りたいという強い気持ちを持っているのだ。

また、自分の口を保育器にする魚もいる。アゴアマダイは温暖な海の砂底に生息するハゼに似た魚で、砂を掘って巣穴を作る習性がある。普段は巣穴のなかに閉じこもっているオスは、繁殖期になると求愛のために外に出てくる。彼らの狙いは、自分の巣穴にメスを押し込むことだ。メスが無事に巣穴に入って産卵すると、オスは卵を受精させ、自分の口のなかに卵を集めて、孵化するまで守る。数百個の卵は時間が経つにつれてどんどん大きくなっていくので、気の毒なことに、オスは口を大きく開けつづけなければならない。オスが餌を食べられなくなってから10日ほど過ぎると、大きく開いた口のなかで卵が孵化し、

5ミリほどの小さな稚魚が飛び出してくる。オスは顎をふたたび閉じ、失われた重さに慣れるための短い休息を取ってから、ふたたび求愛と、保育器である大きな口のなかに卵を受け入れる準備を整える。

単独で子育てをする父親によって成り立っている魚の家族は多い。アミア・カルヴァは、体長1メートル近くになることもある大型の魚食動物だ。渓流、川、湖、沼地など、どのような環境にも対応することができる。酸素の乏しい淀《よど》んだ沼地にいるときは、水面から頭を出し、肺の機能を持つ鰾《ひょう》に空気をとり込んで口呼吸する。

交尾の季節になると、オスは巣を作ってメスを引き寄せる。メスがそこに入って卵を産むと、オスは卵を受精させ、世話を開始する。10日ほどすると、体長1センチ強の稚魚が泳ぎはじめる。常に小さく群れをなして、父親のお腹の下から離れずに泳ぎ、周囲の環境について学ぶ。数週間後、体長が10センチに達し、父親の助けを借りずに身を守ったり隠れたりできるようになると、自立していく。

優しいパパのアフリカウシガエル

両生類の多くは子育てをせずに多くの卵を産むが、なかにはよい父親もいる。アフリカウシガエルはフライパンほどもある大型のカエルで、仲間のカエル、ヘビ、ネズミ、鳥を

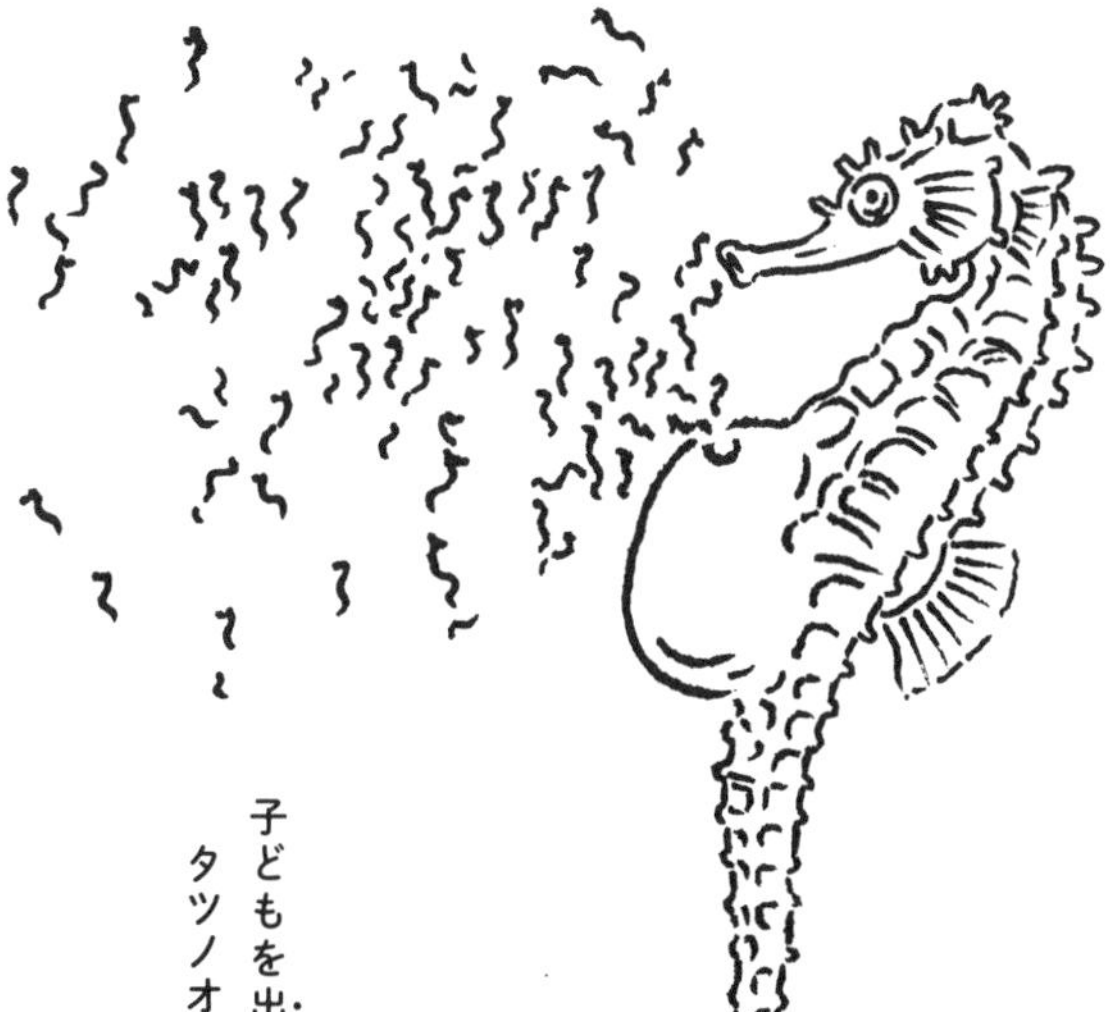

子どもを出産する
タツノオトシゴのオス

捕食する。サバンナの乾燥した地域に生息しているため、繁殖は雨季に限られる。普段は地中で繭のなかに閉じこもっているが、雨季になるといっせいに外に出てきて鳴きはじめる。その鳴き声はすさまじく、私はウシガエルの怒号のせいで、眠れない夜を過ごしたことがある。

　尋常ではない鳴き声を響かせるころ、オスは広い沼地に集まり、互いを殺し合うほど攻撃的になる。力の強いオスは沼地の中央に陣取って、ほかのオスの繁殖を阻止する。一方、メスは体の小さなオスたちが作るバリアを突破し、より水の深い、確実に最高のオスを見つけられる中央に到達する。そして3000から4000個の卵を産み、そのあいだにオスが受精させる。

　サバンナの強烈な太陽によって沼地はすぐに乾いてしまうので、ここからは時間との勝負だ。卵はわずか2日で孵化するようにできていて、オタマジャクシはすぐに、草や小魚、無脊椎動物、さらには自らの兄弟まで食べるようになる。力の強いオスは、脅威と見なすものすべてに飛びかかり、子どもを守る。ぬかるみが乾きはじめると、より大きな沼地に移動するために、父親は頭と長い後肢を使って水路を掘る。優しいパパが子どもを食べることがあるのは事実だが、父親はオタマジャクシが変態するまで面倒を見なければならないので、エネルギーをもらう権利がある。

子煩悩なマネシヤドクガエル

マネシヤドクガエルはペルーに生息する、とてもカラフルな小さいカエルだ。中南米の森に生息し、皮膚に毒を持つ他のヤドクガエルの模様をまねている。きわめて珍しいことに、オスだけでなくメスもオタマジャクシの世話をする。両生類は子育てをせずに卵をたくさん産む戦略をとるという話をしたが、マネシヤドクガエルは少ししか子を作らないし、子育てをするし、しかも一夫一婦制である。なぜ一夫一婦制なのかというと、生息地である山には餌も、産卵のための沼地も少ないからだ。

交尾の時期になると、オスは湿った葉の上で鳴き、前肢でメスを刺激して2個から4個の卵を産ませる。産卵は水中ではなく、求愛が始まった葉の上で行われる。卵の孵化には時間を要し、アフリカウシガエルがわずか2日のところ、マネシヤドクガエルは約1カ月かかる。その間、つがいは卵を守り、湿った状態を保ちつづける。卵が孵化すると、オスは自分の背中の上にオタマジャクシを集め、ほかの木々に着生しているパイナップル科の葉の根元に溜《た》まっている雨水まで運ぶ。ここからさらに、オタマジャクシが自立するまで9週間かかる。水たまりに餌がない場合、オスはメスを刺激して卵を産ませる。そして受精させることなく、卵を空腹のオタマジャクシの餌にするのだ。

子を有毒にするヤドクガエル

非常に美しく、恐ろしい毒を持つヤドクガエル属は、マネシヤドクガエルとほぼ同じ行動をとる。かつて私はコスタリカを訪れ、非常に高さのある眺めのいい滝を、二重のロープを使って下降したことがある。鬱蒼と茂る熱帯雨林を掻き分け、川の流れに沿って歩きながら滝を目指した。滝にたどり着いた私は、突き出した岩にロープを固定した。ロープが岩にこすれないように防水袋をその下に入れていたとき、とても小さなカエルがこちらを見つめていることに気づいた。しかし、青い四肢を持つその小さな赤いカエルには触れなかった。そのカラフルな森の宝石とも言うべき生きものは、猛毒のイチゴヤドクガエルだったからだ。本当に青いズボンを穿いているようなので、実際に見に行ってみることをお勧めする。イチゴヤドクガエルは、中南米の熱帯雨林に広く生息する無尾目のヤドクガエル属に属している。ヤドクガエル属は「フキヤガエル」とも呼ばれるが、これは先住民がこの毒をつけた矢で人を殺していたほど、強い毒を持つからだ。

イギリスの探検家チャールズ・スチュアート・コクランによると、コロンビアの先住民はこの貴重なカエルをサトウキビのなかに入れて、触らずに持ち運べるようにしていたという。先住民はカエルに餌を与え、世話をしていた。新鮮な毒が必要なときはカエルを1匹取り、背中から有毒な泡を出すまでつついていた。その毒で吹き矢の先を湿らせていたわけだが、コクランによると、毒の効能は1年間続いたそうだ。

神経中枢を麻痺《まひ》させるこの毒は、カエルの体の表面全体に均等に分布する腺から分泌されるが、生まれつき毒を備えているわけではなく、母親が子どもを有毒にさせているのだ。ペルーのマネシヤドクガエルが毒を持つのは、餌とする有毒な節足動物から毒の前駆体を得るからだ。ヤドクガエルに見られるように、ヤドクガエルは安定したつがいを形成し、縄張りを守る。父親と母親は卵を守り、協力してオタマジャクシの世話をする。母親は子どもを養うにあたって、成長に必要な栄養素となる卵を産むだけでなく、捕食者から子どもを守る、非常に効き目のある毒を与えるのだ。

オスを引き連れるアンコウ目

色とりどりの小さなカエルにとって、ペルーの山岳地帯のような厳しい環境は、オスとメスで協力して縄張りを守り、子どもを育てる安定した家族を作るのに適している。一方で、水深1000メートルの深海での暮らしはどのようなものだろう？

深海のように地上から離れた暗い場所では、餌を探すのはもちろん、パートナーを見つけるのも至難の業だ。しかし、深海魚のなかには、1匹もしくは数匹のオスと体を融合させるという独創的な方法で家族を作り、この問題を解決しているメスがいる。それは、かなりインパクトのある見た目をしているアンコウ目だ。頭は大きく、歯は鋭い。映画『ファインディング・ニモ』で、海底を泳ぐニモのお父さんのマーリンと、忘れんぼうの友人のドリーが、光に引き寄せられるシーンをご存じだろうか？　光は怪物のような魚による罠で、そのあと彼らは追いかけられることになる。あれこそがアンコウ目だ！

硬骨魚類であるアンコウ目は海底に生息しているが、遠隔操作ができる新型の深海観測船を使うことで、彼らの謎に満ちた生活を観察できる。最近、雑誌『サイエンス』に、アゾレス諸島サンジョルジェ島の南に位置する海溝の様子が掲載され、水深800メートルの世界が明らかになった。メスのヒレナガチョウチンアンコウ科が暗闇のなかで糸状の光を放つ器官を広げ、獲物を引き寄せている。よく見ると、腹側に小魚のような小さくて肉付きのよい突起がある。それがオスだ。オスは寄生虫のように妻にくっつき、一風変わった家族を形成している。妻から餌をもらい、散歩に連れ出してもらう一方で、大切な精子を与えているのだ。それでも、体に12匹もの夫をくっつけている妻も確認されているので、この種を一夫一婦制と言い切ることはできない。

凶暴なシングルマザーのオリノコワニ

家族の戦略は、生息している環境によって異なる。捕食者が多く、沼地も少ない過酷な環境に生きるヤドクガエルにとっては、卵をたくさん産んで無駄にするよりも、つがいで協力して縄張りを守り、卵を少しだけ産んでオタマジャクシの世話をするほうが、進化的に大きな成功を収めることになる。捕食者や干ばつから子どもを守るウシガエルのオスや、暗くて深い海で寄生虫のように妻にくっついているヒレナガチョウチンアンコウ科のオスも同様だ。一方、単独で子どもを守っている凶暴なシングルマザーも存在する。

かつて私はベネズエラにある熱帯草原、リャノを訪れたことがある。ジャガー、ピューマ、オオアリクイ、鳥類、カイマンワニなどの生息地だ。滞在中に現地の部隊から聞いたところによると、私の宿泊先のロッジであるハト・エル・セドラルの入り口の目の前に、オリノコワニのメスが巣を作っているらしい。見に行ってみると、埃《ほこり》っぽい道を抜けた先に運河が流れていて、その木の下に巣があった。

カイマンワニ、コブラ、ニシキヘビといった多くの爬虫類の母親は、交尾がすむと安全な場所を探して卵を産む。キングコブラは枯れ葉を山にして巣を作り、そのなかに卵を産む。枯れ葉の山があらゆる危険から卵を守ってくれるのだ。ワニのメスも同じだが、卵のある巣だけでなく、一定期間は自分の子どもも自分で守る。子どもが生まれると、口でそっとつまみ上げて安全な水面まで運ぶ。産卵してから子どもが自立するまで、メスは餌を口にせず、非常に攻撃的になる。

もちろん私はカメラを携えて、土や草で山のようになっている巣を撮影しに行った。メスの姿は見えなかったが、私は彼女が水のなかにいるのを知っていた。慎重に近づいてみたが、ほんの一瞬だけ鼻の穴と目を水面からのぞかせただけで、ふたたびさざ波を立てることなく水のなかに沈んでいった。カメラでその姿を捉えたかった私は、彼女を外におびき出そうと思い、1メートル以上ある堤防が守ってくれると信じて、岸まで近づいていった。巣には少なくとも50個の卵があるはずだ。

巣に手が届きそうになったその瞬間、ふいに水中から体長4メートルのメスの頭が現れた。微動だにせず、私をじっと見つめ、警戒している。私が巣に向かってさらに一歩踏み出したとたん、メスは尻尾を水面に強く打ちつけ、爆発するような激しさで水から飛び出すと、急勾配の堤防を体重500キロの体で乗り越えた。それは、してはいけないことをした私の責任だった。メスは全力で私の侵入を阻止しようとしたのだ。リラックスしていたのは、私が巣からしかるべき距離をとっているときだけだった。

家族を作り直すメスのコモドオオトカゲ

ワニの家族は、攻撃的なシングルマザーとその子どもたちから成り立っている。父親は精子を提供したあと、姿を消してしまう。このワニの例とは別に、メスの一生にオスが一切かかわらないケースもある。

第3章「性行為」では、メスしか存在せず、自身のクローンを産んで繁殖するアリゾナ州のウィップテールリザードについて話したが、単為生殖をする脊椎動物はほかにもいる。最近の研究によると、魚類、両生類、爬虫類の全体の0・1%は、交尾と単為生殖の両方で繁殖できるという。オスがかかわることすらないこの戦略は、意外な場所で発揮された。

最近、雑誌『ネイチャー』に、2箇所の異なるイギリスの動物園で飼育されている2匹のメスのコモドオオトカゲが、これまでオスに一度も会ったことがないにもかかわらず、健康な卵を産んだという記事が掲載された。チェスター動物園のフローラは11個の卵を、ロンドン動物園のスンガイは22個の卵を産んだ。

アリゾナ州のトカゲの例とは異なり、イギリスで生まれたコモドオオトカゲの赤ちゃんは、母親の配偶子が融合することで生まれたため、母親のクローンではない。つまり赤ちゃんは1匹ずつが遺伝的に異なっているのだ。そして、この話はここから先が面白い。

ヒトの染色体に関する生物学の授業を覚えているだろうか？　私たちは23対46本の染色体を持っている。それぞれの対の片方の染色体は父親から、もう片方は母親から受け継ぐ。23番目の染色体を性染色体といい、これがXX型であれば女性、XY型であれば男性となる。女性はX染色体しか持っていないため、父親からY染色体とX染色体のどちらを受け継ぐかで子どもの性別が決まる。つまり、ヒトの女性が単為生殖で繁殖できるとしたら、女の赤ちゃんしか産めないのだ。

しかし、コモドオオトカゲの場合、性別にかかわる染色体の問題は逆になる。オスは同一の染色体を2本（WW）持っていて、メスは異なる染色体を2本（WZ）持っている。イギリスの動物園で隔離されていたコモドオオトカゲのメス（WZ）の場合、同一の性染色体を持つ卵細胞同士が融合し、WW型またはZZ型の胚を生成したことが確認された。WW型の胚はオスの赤ちゃんにまで発達するが、ZZ型の胚は途中で死んでしまう。そのため、生まれてきた赤ちゃんはすべてオスだったのだ。まるで、メスしかいない状態になっても家族を作り直せるように、自然が工夫しているかのような現象だ。

コモドオオトカゲは泳いでインドネシア群島の無人島に上陸し、繁殖することができるので、「失われた家族」を作り直す能力は自然界でも発揮できる。つまり、1、2匹のメスが無人島にたどり着けば、そこで新たな家族や群れを作りだすことができるのだ。

メスからオスになるハタ

また、父親と母親を兼ねたひとつの個体から成り立つ家族もある。カタツムリやナメクジは雌雄同体であるため、それぞれの個体はオスであり、メスでもある。正確に言うと、すべてのカタツムリは男性の生殖腺（精巣）と女性の生殖腺（卵巣）の両方を持っている。もしかしたら、2匹のナメクジがくっついているのを見たことがあるかもしれないが、その場合は、片方のオスともう片方のメスがひとつになって交尾をしている、いわば「ダブル交尾」といえる。雌雄同体の利点は、自分に100%の確率で子どもをもたらしてくれる相手に巡り合えることにある。雌雄同体の脊椎動物も存在するが、その場合は年齢に応じて性別が変わる。

ラベッツィ諸島の岩礁は非常に貴重であるため、ボニファシオ海峡海洋公園を構成するマッダレーナ諸島国立公園とともに、ボニファシオ自然保護区の一部となっている。サメからクジラまで、地中海に生息するあらゆる遠洋生物は、必然的にこの海峡を通過することになる。地理的な位置、海流、海底の岩の性質のために、このエリアの生物多様性は非常に豊かだ。ラベッツィの岩礁に面した浅瀬が非常に有名なのは、水深20から35メートルの地点で、地中海最大級のハタを見られるからである。

ダスキーグルーパーは地中海を象徴するハタ科の魚だ。最後に私が行ったラベッツィ諸島でのダイビングは、まさにこの魚に会うためだった。なかなか会えるものではないと思っていたが、浅瀬に浮かぶブイの鎖に沿って潜っていると、海底の岩間に何十匹もの大きな魚が姿を現した。この魚は地元の方言で「大きい」を意味する「マンナ」と呼ばれている。この古くから存在する魚については、サンタテレーザ・ガッルーラの港で話に聞いていた。彼女が、というか彼がやってくると、ほかの魚たちは道を譲ってしまう。

私は海に潜ってすぐに会うことができた。彼は私が何者なのかを確認しようと、肉付きのよい胸びれを交互に動かしながら、穏やかにこちらを見ていた。私は目の前のハタがオスだと知っていた。というのも、ハタは生まれたときはメスだが、10年後に体長80センチを超えて初めてオスになるからだ。そのマンナは80センチをゆうに超えていた。その昔、大きなオスは50年以上も生き、体長1・5メートル以上になることもあったそうだ。残念ながら漁によって、今では非常に希少な存在となってしまった。特に遊漁ではより大きな魚が狙われるため、ハタの場合はメスしか見られなくなる。過剰な漁はハタの絶滅に繋がり、経済的損失をも引き起こす。

巨大なハタを見て楽しむために、年間何百人ものダイバーがラベッツィに集まり、地元は大きな収入を得る。死んだハタが1キロあたり35ユーロで売られるのに対し、ラベッツィ周辺で泳ぐ生きたマンナには数十万ユーロの価値があり、それはガッルーラ地方とコルシカ島の収益となる。コルシカ島の人々はこのことをよく知っているので、自分たちに富をもたらす貴重なハタを保護している。

ハタはメスとして生まれ、その後にオスとなる。オスのマンナはやがて年老いて死ぬか、より強いオスに追いやられてしまうか、別の浅瀬に移る。オスが追いやられてしまった場合、代わりにラベッツィで最も大きなメスがオスになり、生殖腺が精子を作りはじめ、彼女が、いや、彼がラベッツィの王者になるのだ。

オスからメスになるイソギンチャク

ハタは雌性先熟型の雌雄同体、つまり最初はメスであるが、自然界には雄性先熟型の雌雄同体、つまり最初はオスであるものも存在する。クマノミ亜科は、サンゴ礁に生息するカラフルな魚のグループだ。どの種も、クラゲに近い腔腸《こうちょう》動物であるイソギンチャクと相利共生の関係にある。

相利共生とは、ふたつの種が共存することで相互に利益を得る関係のことだ。クマノミ亜科にとっての利点はイソギンチャクの触手によって守られることであり、イソギンチャクにとっての利点はクマノミ亜科の食べ残しにありつけることである。クマノミ亜科にとって、イソギンチャクは家のようなものだ。

クマノミ亜科の家族は、1匹の大きなメスとたくさんの小さなオスで成り立っている。「アルファオス」と呼ばれる最優位のオスは、ほかのオスが掃除をしているあいだに卵を受精させる。生まれてくる子どもはすべてオスだ。子どもたちは安全な家を出て、新たな家を探しに行く。そして新たな家を見つけると、いつか家長であるメスのお気に入りのアルファオスになれることを願いながら、奴隷としての暮らしをスタートさせる。家長であるメスが死ぬと、アルファオスはイソギンチャクを取り仕切るメスに姿を変える。

クマノミ亜科の場合、オスからメスになる利点は、より年をとった大きいメスのほうが栄養豊富な卵を多く産むことができることにある。たとえオスの体が小さくても、イソギンチャクが襲われた際は群れで防御するし、何よりもオスの配偶子は卵よりもはるかに小さく、健康な配偶子をはぐくむのに大きな体は必要ないため、問題にならない。

動物の家族の多くは、メスだけで成り立っている。祖母、母親、おば、そして彼女たちの子どもだ。おとなのオスは群れに住みつづけることのない、いわば外で暮らしている関係者のようなものであり、繁殖期にだけ受け入れられる存在だ。

祖母がリーダーのゾウ

ゾウの家族にとって、祖母はリーダーであり、心のよりどころだ。家族に関するあらゆる決定を下し、外の世界とのかかわりかたを調整する役割を担っている。かつて私は中央アフリカ共和国を訪れた際に、信じられない光景を目の当たりにした。ザンガ・サンガ特別保護区の鬱蒼とした熱帯雨林には、ゾウが開拓した草原が点在しているが、それらはちょうど河川の堆積物に大量の塩分が含まれているエリアにあたる。

塩を大好物とするゾウは、長い鼻で土を掘ったり、木をなぎ倒して熱帯雨林を開拓したりして、貴重な塩にありつこうとする。いわばザンガ・サンガ特別保護区の塩田とも言うべきこれらのエリアには、ゾウだけでなく、ゴリラ、水牛、レイヨウを魅了する草木も多いため、たくさんの生きものが集まってくる。

　私は一日中森のなかを歩きつづけたある夜、スタッフとともに塩田を見渡すことのできる安全な展望台に出た。ゾウの群れが行ったり来たりする様子が見えた。流れる小川の真ん中では、数頭のゾウが鼻をドリルのように砂に突き刺し、息を吹きつけて土砂を取りのぞこうとしている。ようやく塩を見つけ出すと、すくい上げて嬉しそうに食べていた。

　普段は神経質で攻撃的な水牛の群れが後方に集まり、やわらかい草を穏やかに食《は》んでいた。斑点のあるレイヨウであるシタツンガのメス2頭は小川の岸で休み、灰色のヨウム属の群れは夜を過ごすのに安全な木を探して飛びまわる。私はあらゆる動物に目を奪われながら、至福のひとときを過ごした。

　やがて森のなかから咆哮が聞こえてきた。ゾウのメスだ。神経質に頭を振りながら、その場でぐるぐるとまわっている。草原の真ん中で立ち止まると、地面に膝をつくようにして後ろ足を前に曲げはじめた。体のなかから大量の体液があふれ出し、その下に白っぽい嚢が現れた。赤ちゃんを産もうとしているのだ。メスは後ろ足を曲げては力を込めるというのを繰り返しながら、苦しそうにもだえている。やがて小さな赤ちゃんが入った胎盤が地面に落ちて、割れた。メスはぐったりと疲れきり、怯えていた。赤ちゃんを前にして途方に暮れている様子から、これが彼女にとって初めての出産であることがわかった。赤ちゃんをかわいがりたい気持ちはあるが、同時に逃げ出したいとも思っているようだ。

そのとき、メスの家族が声をあげながら近づいてきた。新たな命の誕生を祝い、赤ちゃんにあいさつをしようとしているかのようだ。家長である祖母は、若い母親に鼻で触れると、懸命に立ち上がろうとしている赤ちゃんのそばに行くように促した。母親と赤ちゃんの周りで家族が身を寄せ合っているうちに、夜は更けていった。私は寝袋を広げて眠りについた。

夜が明けてからもう一度見てみると、彼らはまだ同じ場所にいた。赤ちゃんは母親に近づこうとするのだが、母親は怖がって逃げてしまう。これは本物の初心者だ。ついに母親が赤ちゃんに攻撃的な態度をとりはじめると、家長である祖母が割って入った。祖母は大声で鳴きはじめ、母親を押しのけると、赤ちゃんを安心させようと近づいていった。

ゾウの家族において、若いゾウが年長のメスから学ぶのは、子どもの世話の仕方だけではない。どこに食べ物があるのか、何を食べればいいのか、どこで水を取ってくるか、どこに塩があるか、どのように外の世界とかかわるかといったことも学ぶ。その家族はしばらくして深い森のなかへ消えていったので、結局どうなったのかはわからずじまいだ。それでも、あの怯えていた未熟で若い母親が、彼女だけを求めているあの赤ちゃんを受け入れたことを願っている。

祖母とは、閉経したために子どもを作ることができない老いたメスのことを指す。かつてはヒトの女性だけが閉経を迎えると考えられていたが、ゾウやシャチにも閉経があることがわかってきた。生殖年齢を過ぎても長く生きつづけるのは、子育てに追われる状態にない経験豊富なメスが、自らの貴重な知識を若い世代に伝えることで、群れの安全が保たれるからだ。そのため、ゾウの文化はメスによって受け継がれている。

メスが名トレーナーのシャチ

シャチも同様だ。メルは南大西洋に生息していた大型のシャチのオスだった。70年代にメルがその名を知られるようになったのは、革新的で危険な狩りの方法を見出したからだ。体重が数トンにもなる海洋動物にとって、浜辺に打ち上げられることは、自らの重さで窒息死することを意味する。アルゼンチンのパタゴニア地方にあるバルデス半島では、毎年何千頭ものゾウアザラシやアシカが生まれ、シャチの格好の餌食となる。海岸線を巡回していたメルは、波打ち際までたどり着ける潮流を捉えることに成功した。ある日、アシカの子どもたちが遊ぶにぎやかな音に魅了されたメルは、波打ち際まで近づき、そのうちの１頭を捕獲した。口に獲物を咥え、体がほとんど水の外に出ている状態では呼吸もままならないため、メルにとって容易なことではなかったと思う。

それでもメルは命を落とすことも、獲物に逃げられることもなく、背中を柔軟に曲げ、胸びれを使って後退した。体の半分が海水に浸《つ》かると、尾を強く叩いて、ふたたび深い海のなかに戻っていった。群れの仲間は、勇敢で賢いメルの技術をすぐに習得した。メルは数年前に死んでしまったが、毎年3月になるとシャチがプンタ・ノルテにやってきて、この座礁技術でアシカを捕獲している。

私の友人であり、長年にわたってシャチを研究している生物学者であるロベルト・ブバスによると、危険な狩りの方法を若いシャチに教えるのはおとなのメスだという。ロベルトは、おとなのメスが若いシャチに付き添って、波打ち際までついていく様子を観察したことがあった。メスは浅瀬に着くと声を出し、怯えている見習いたちを安心させ、見本を示しながら水の深い場所までの引き返し方を教えていた。ゾウと同じくシャチにおいても、群れの文化を伝えるのは年長のメスなのだ。

託児所を持つナミチスイコウモリ

ときにはメス同士が協力して、ほかのメスの子どもの世話をすることがある。私は洞窟学者であるディレクターのトゥリオ・ベルナベイとともに、チアパスにある洞窟を探検したときに、ナミチスイコウモリの群れの行動を見て衝撃を受けた。あの日のことをよく覚えているのは、変わり者のトゥリオが、洞窟の入り口から数キロ進んだところにある広い空間に行こうと言いだし、肺を空っぽにして、体を薄くしなければ通れないくらいの狭い通路を歩かせたからだ。

私は今でも、人を閉所恐怖症にさせるような狭い岩の隙間を通らせた彼を恨んでいるが、隙間を通り抜けて広い空間にたどり着くと、そこには息を呑《の》むような光景が広がっていた。何千匹ものナミチスイコウモリが、天井から小さなプラムみたいにぶら下がり、眠ったり、仲間と交流したり、交尾をしたりしていたのだ。よく見ると、子どもたちが1箇所に集められていて、そこで動いているのは、3、4匹のおとなのメスだけだった。コウモリは子どもを1匹しか生まないので、そこはいわば母親たちが買い物に行く前に子どもを預けていく託児所のようなものだった。

ベビーシッターを引き受けるマッコウクジラ

このような行動は、数種のコウモリだけでなく、マッコウクジラのような巨大な生きものにも見られる。

マッコウクジラのオスは体長20メートル、体重50トンに達するが、一方のメスは体長13メートル、体重20トンにも満たない。体の大きさがこのように違えば、必要とされる食料も異なるため、オスとメスは北大西洋で別々に暮らしている。

私はかつてノルウェーのアンデネス沖を訪れたときに、数頭のマッコウクジラのオスを見た。ヨーロッパ大陸の斜面に面したこの冷たい海には、深い海底谷がある。体の大きなオスは、ここでヤリイカや巨大なオヒョウを捕食している。そこから4000キロ離れたアゾレス諸島の温帯海域では、仔クジラを連れたメスを見ることができる。オスはほかの個体と行動をともにすることなく、いつも単独でいるが、メスは「ポッド」と呼ばれる群れで集まり、知り合い同士で会話をしたり、交流したりしている。

私が初めて海のなかでマッコウクジラと対面したのは、アゾレス諸島のピコ島でのことだった。その日の空は鉛色で雨が降っていたが、風はなく、海は穏やかだった。海岸にいる監視員が私たちの乗っているゴムボートをマッコウクジラのいるエリアに導いてくれたので、出会うことは難しくなかった。海から顔を出して泳いでいるメスと、その横に少なくとも4メートルはある仔クジラを見つけた。2頭はまっすぐに泳いでいたので、ゴムボートはそのおおよそのコースを見越して追い越し、同僚であるドキュメンタリー映像監督のフェデリコ・フォルレッタと私を海中のベストな位置に残して去っていった。

鉛色の空とは裏腹に、海水は青く澄んでいた。しばらくすると、こちらに狙いを定めた黒いシルエットが近づいてきた。まるで潜水艦のようだ。地球上で最大の歯を持つ食肉動物と一緒に泳ぐのは初めてだったので、とにかく緊張した。相手を怖がらせたくなかったので、私たちは一定の距離を保てるように移動してから、２頭に向かって泳ぎだした。数メートルの距離になるまで、フィンを激しく動かした。

今でも忘れられないのは、自分のお腹に仔クジラをくっつけていたメスの姿だ。仔クジラを逃さないために、メスのマッコウクジラのお腹には、仔クジラの頭部がぴったりと収まる窪《くぼ》みのようなものがある。私たちが近づいていくと、メスもスピードを加速させて、数分後には姿を消した。くっついていた小さな仔クジラが、そのメスの子どもだったかどうかはわからない。

マッコウクジラは水深５００～１０００メートルで狩りをするのだが、仔クジラはその深さまで潜ることができない。メスは狩りのために深く潜らなければならない場合、知り合いに仔クジラを預け、潜って狩りをし、食事をし、すべてが終わってから連れて帰る。こうすることで、仔クジラは母親のあとを追って危険な深海に行くことなく、海面の近くで安全に過ごすことができるのだ。

なぜ哺乳類はよい父親ではないのか？

マッコウクジラの父親は、家族から遠く離れていて、子育てに参加することがない。確認されている哺乳類のうち、子育て、教育、保護にかかわる父親はわずか10％だ。

イタリアのテレビチャンネル「Ｒｅｔｅ４」で放送されていた番組『ＳａｉＸｃｈé？』の放送作家をしていたとき、「哺乳類はなぜよい父親ではないのか？」という疑問について解説することになった。わずかに存在する子煩悩な父親の例を紹介するのも面白いと思った私は、アマゾンの森に生息するかわいい小猿であるドゥイロティティをとり上げることにした。ドゥイロティティの父親は、母親が出産を終えるとすぐに赤ちゃんを拾い上げ、きれいにして抱っこをする。乳を飲ませるときだけは母親に託すが、それ以外はずっとおんぶをしている。

２０１７年、ある研究者グループは、ドゥイロティティのオスも人間のように嫉妬の感情を持つかを調べることにした。カレン・リサ・ベールスが率いるカリフォルニア大学の研究者グループは、オスに自分のパートナーがほかのオスといる様子を見せ、その際に脳のなかで何が起きているかを分析した。

まず、フルオロデオキシグルコース（ＦＤＧ）を数匹のオスに注入する。それが体内に吸収される30分のあいだ、数匹のオスには自分のパートナーがほかのオスと一緒にいるところを見せ、数匹のオスには見ず知らずのつがいを見せた。30分後、気の毒な彼らに麻酔を打ち、血液検査と脳の断層撮影をした。血液とＭＲＩ画像を分析した結果、パートナーがほかのオスと一緒にいるところを見せられたオスは、不快な気分をもたらすテストステロンとコルチゾールの濃度が高くなっていることが判明した。ＭＲＩ画像からは、攻撃性をつかさどる海馬や縄張り意識をつかさどる前帯状皮質などの複数の領域が活性化していることが明らかになった。

要するに、自分のパートナーがほかのオスと一緒にいるところを見せられたオスは非常に苛立っていたが、そうでないオスは、この実験を考案した研究者たちに苛立っていたということだ。

ドウイロティティは本当に面白い生きものなのだが、『Sai X ché?』のディレクターであるロベルト・ブルキエッリに反対されたため、放送には至らなかった。彼の哲学によると、テレビに映っていい動物は、危険な爬虫類、大型哺乳類、サメ、ワシだからだ。小さなドウイロティティはかわいいだけだと言うので、VTRから削除された。彼にオウムを提案してみたら、どんな反応をしただろう?

前章で述べたように、オウムの家族は、一生を通じてつがいの関係にある父親と母親から成り立っている。飼育下にあるせいで同種のパートナーを見つけられない場合、人間の飼い主を愛するようになってしまうほど、家族を作りたいというオウムの欲求は強い。アオコンゴウインコとアカビタイヒメコンゴウインコという異種の2羽がつがいになったという、非常に悲しい事例も報告されている。つがいが成立したのは、このアオコンゴウインコが自然界に生息する最後の1羽だったからだ。

黒いくちばしを持つアオコンゴウインコが歴史上初めて登場したのは、1819年に探検家のヨハン・バプチスト・リッター・フォン・スピックスによって記述されたときのことだ。1967年、この鳥が絶滅危惧種であることが判明し、ブラジル政府は保護に乗り出した。希少価値の高い動物であればあるほどコレクターに求められ、取引される金額は吊《つ》り上がる。その後、密猟が横行したことによって、1970年にこの鳥の絶滅が宣言された。

しかしながらその15年後、マラニョン大学の生物学部に在籍していたスイスの鳥類学者、ポール・ロスが、サンフランシスコ川沿いの森で、数羽のアオコンゴウインコを発見したのだ。その数は全部で5羽だった。1年後、世界で最も偉大なオウムの専門家のひとりである、イギリス人のトニー・ジュニパーが、野生のアオコンゴウインコの数を確認するために、チームを率いてブラジルに降り立った。

6週間後、キュラサ近郊で木にとまっている1羽が発見された。たった1羽だ。この鳥はそれまで少なくとも3年間、単独で暮らしていた。その後の調査の結果、1987年のクリスマスの夜、巣にいたその鳥のパートナーが捕らえられていたことが判明した。パートナーは3つの卵を温めていたが、密猟者によって潰されていたのだ。このアオコンゴウインコはパンダやジャワサイのような象徴的な保護動物に昇格し、最後の1羽を虎視眈々《こしたんたん》と狙っていた密猟者も手を引いた。

テネリフェ島にあるロロ公園の関連財団は、この1羽を保護して地元住民の意識を高めるだけでなく、飼育下の個体とつがいにさせる計画のために60万ドルを寄付した。羽をDNA鑑定した結果、野生の最後の1羽はオスであることが判明した。1995年、自然に1年間適応させたメスをそのオスの縄張りに放ったが、その試みは無駄だった。オスはすでに、別種のアカビタイヒメコンゴウインコとつがいになっていたのだ。4カ月間、メスのアオコンゴウインコは邪魔な部外者として生き、やがて姿を消した。捕食者に襲われたか、高圧線に接触して死んだと思われる。

同性同士のつがい

この悲しい物語は、生物学的進化論の観点から存在しないはずの家族が、自然界でも作られることがあると教えてくれた。ブンチョウは、ジャワ島やバリ島に生息する鳥だ。黒い頭、赤いくちばし、灰色の肩、ベージュの腹部をしている。「米を食べるもの」を意味する「オリジボラ」という名前から、種子を主食としていることがわかる。

オスは繁殖期になると歌を歌ったり、メスの周りを飛び跳ねたりして求愛する。メスがその気になると2羽で巣を作り、協力してヒナを育てる。籠のなかで飼育されてきた鳥であるブンチョウには、飼育下における興味深い観察がなされてきた。

日本の鳥類学者である常木勝次《つねきかつじ》は、つがいを形成していた2羽のオス、イエローとスミについて述べている。イエローはオスとして求愛したり、歌ったりする一方、スミはメスとして振る舞っていた。交尾をすることもあったが、その際もイエローはオスがするように上に乗り、スミはメスがするように下になって尾を上げていた。

常木はこの2羽がよい親になり得るかを調べるために、ほかの巣から3つの卵を取ってきて、彼らの巣に入れた。4週間、2羽は規則正しく卵を温めた。スミはメスとして、巣を守る役割のイエローよりも長い時間温めていた。2羽のヒナが生まれ、10日ほど世話がされたものの、ヒナは死骸となって発見された。原因はわからなかった。常木がイエローとスミを分けて、それぞれをメスと一緒にしてみると、今度はスミもオスとして振る舞いはじめたという。

この話は、動物行動学者であるダニーロ・マイナルディの著書"*La strategia dell'aquila*（鷲の戦略）"で言及されているが、同様のことはコンラート・ローレンツの著書『攻撃——悪の自然誌』（みすず書房、1970年）でも述べられている。

動物行動学の父であるローレンツによると、2羽のオスのガチョウが非常に安定したつがいを形成し、他のガチョウを支配していたという。巣ごもりの時期になると、1羽のメスが加わり、3羽でヒナを育てていた。つまり生きもののなかには、オス同士、もしくはメス同士がつがいになるLGBTの家族も存在するのだ。

同性愛のつがいは繁殖できないにもかかわらず、なぜ存在するのだろう？

動物の行動には、一見すると性的な意味を持っているとしか思えないものがある。公園で同性の2匹のイヌが興奮し合っているのを見たことがあるだろうか？　あれは「さあ、愛し合おう」と言っているのではなく、「お前のほうが弱いんだから服従しろ」と言っているのだ。上に乗っているほうが支配する側、下にいるほうが服従する側である。

また、若いライオンのオスは、おとなになると群れから追い出される。追い出される直前になると、その若いライオンが父親であるリーダーに近づき、発情期のメスのように尾を高く上げてしゃがみ込んでいる光景がよく見られる。つまりは「僕を殺さないで。追い出さないで。僕はメスのようなものだから、あなたと競い合ったりしません」と言っているのだ。これは同性愛ではなく、非言語コミュニケーションであり、ときに観察者によって誤解されることがある。

3割が同性カップルのコアホウドリ

コアホウドリは、北太平洋全域に生息している鳥だ。ハワイのオアフ島に営巣する個体群においては、オスよりもメスのほうが多い。全体の巣の31％がメス同士のつがいで占められているのだ。2羽のメスのうちの1羽が産んだ、当然かえることのない卵を2羽で温める。卵を産んだ1羽が通りすがりのオスと偶発的な関係を持っていた場合は、卵がかえることもあるので、そのヒナは2羽で育てられる。この行動を最初に説明したリンゼイ・ヤングによれば、カウアイ島に生息していた同性愛のつがいのなかには、19年間も関係を続けたものがあったという。コアホウドリの場合、オスの不在によって同性愛が生じているのだ。

ダニーロ・マイナルディは、鳥類における同性愛の原因のひとつに、間違った「刷り込み」があるのではないかと述べている。刷り込みとは、生まれてすぐに起こる学習の一種で、ヒナの心のなかに「これが母親だ」とか、「これが交尾しなければならない相手だ」といった基本的な情報が定着することだ。マイナルディによると、メスがまったくいない環境でカモのオスのヒナを3カ月間飼育すると、ヒナはメスという性を認識しなくなり、おとなになっても同性同士のつがいしか形成しないという。

80年代、同性愛はまれに起こる異常なものと考えられていたが、2000年代以降はまったく異なる科学的見解が生まれた。2006年には、オスロ大学のペター・ボックマンによって、同性愛のつがいを形成する脊椎動物は少なくとも1500種にのぼると報告された。

しかしながら、それについては考えなければならないことがある。1500種のうち、イヌやライオンに見られるような支配の行動が、性的な行動だと勘違いされた例はいくつあっただろう？　コアホウドリのように、同性のつがいを作ることで、異性の個体数の不足を補わなければならないケースはどれほどあっただろう？　動物園や水族館で飼育されているケースはどれほどあっただろう？　檻《おり》のなかで育てられ、異性の存在を知らないケースはどれほどあっただろう？

自然界において、同性愛はさまざまな理由から存在しており、なかには未だに理由が不明なケースもある。しかしながら、つがいにおいて交尾は必ずしも繁殖のためになされるとは限らないので、同性愛が存在するとしてもおかしくない。同性愛の存在に進化はまったく影響しないか、もしくは私たちが思うほど大きく影響しないのかもしれない。

もうひとつ確実に言えるのは、コンラート・ローレンツがすでに１９３５年に報告していたように、どんな動物の行動様式にも、オスとメスの振る舞いが共存しているということだ。つまり、オスも少しはメスであり、メスも少しはオスであるという、一種の性的両義性について考えなければならない。

では、ヒトはどうだろう？

ヒトの家族の形

もし私たちが200万年前にタイムスリップしたら、ヒトの先祖が、現代のチンパンジーのように乱婚の傾向がある小さなグループに分かれて暮らしている姿を見るのではないだろうか。その後、ホモ種の出現によって状況は変わった。現在では、ゲイのカップルで成り立つ同性愛者の家族、キリスト教の家族、男性が複数の妻を持つイスラム教の家族、妻が複数の夫を持つ家族など、形態はさまざまだ。

1980年に出版された民族学の図版集では、1231のヒトの社会が以下のように分類されている。

・しばしば一夫多妻制（ひとりの夫が複数の妻を持つ）をとる社会の数　588（全体の47・7%）
・たまに一夫多妻制（浮気者の夫がひとりの妻を持つ）をとる社会の数　453（全体の36・8%）
・一夫一婦制（ひとりの夫がひとりの妻を持つ）をとる社会の数　186（全体の15・1%）
・一妻多夫制（ひとりの妻が複数の夫を持つ）をとる社会の数　4（全体の0・00

3％）

このデータが現在どれくらい変わっているかはわからないが、男性が複数の妻を持つことができる社会がどれだけあろうと驚かない。なぜかというと、私たちの身体的特徴が一夫多妻制をもたらしているからだ。

覚えているだろうか？　オスとメスの体の大きさに差がある場合は、ハーレムが作られる。しかし、たまに一夫多妻制をとる社会と、一夫一婦制をとる社会を合わせると、ひとりの夫がたまに数人の女性を相手にしながらも、普段は正妻と暮らしている社会が全体の52％にのぼる。

前章では、姉妹とその子どもと一緒に暮らす兄弟で構成されたインドのナーヤル族、中国の皇帝の極端な一夫多妻制、性的というよりも文化的な西洋の一夫一婦制、一種の「社会的父性」が存在するヒンバ族の偽善的ではない一夫一婦制など、きわめて特殊な例も含めて、人間の家族についてお話しした。しかしながら、社会全体の0・003％にあたる、ひとりの妻が複数の夫を持つ一妻多夫制の家族についてはまだとり上げていない。

中国、トルコ、モンゴル、インド、ポリネシア、マルキーズ諸島、中央アフリカに住んでいた古い民族の記録に、一妻多夫性について書かれたものがある。

それらのなかでもより明確な記録が残っているのは、チベットの山岳地帯に住むトレバ族についてのものだろう。彼らの社会ではひとりの女性が2、3人の夫を持つことができるが、特徴的なのは、夫同士が兄弟ということだ。

山岳地帯での暮らしは過酷を極める。標高4000メートルの山間部には耕地が少なく、凍りつくような寒さのために土は固く、耕して野菜を育てることが難しい。種から栽培できる野菜の種類も少ない。トレバ族はわずかな耕地を代々受け継ぐが、耕地が家族間で細かく分割されてしまうのを防ぐために、兄弟でひとりの妻を共有する。結婚すると、妻は兄弟夫のもとで暮らす。生まれた子どもは父親たちから平等に扱われるが、誰が子どもの父親なのかはわからない。

このような家族構成は耕地の維持に繋がるだけでなく、子育てにもよい影響を及ぼす。山岳地帯での生活は厳しいため、複数の男性の協力によって、子どもたちは成長し、大人になることができるからだ。たとえ自分が兄か弟の子どもを育てていたとしても、その子どもは自分の遺伝子の一部を持っているので、父性の確実性は問題にならない。

住んでいる土地によって家族の機能の仕方はさまざまだ。繰り返しになるが、農耕民族のバントゥー族は、食料の余剰のおかげでパートナー以外とも性交をして、たくさんの家族を作る。狩猟採集民族であるピグミー族は、子育てをするには非常に厳しい環境に暮らしているため、一夫一婦制をとっている。では、ヒトの家族はいつ生まれたのだろうか？

ヒトの家族はいつ誕生したのか？

過去の人口変動や民族の移動は、私たちのDNAに痕跡を残す。新たな技術を使ってこれらの痕跡を調べることで、私たちが何者なのか、そしてどのように進化してきたかがわかる。

レスター大学のキアラ・バティーニを中心とするグループは、先史時代に私たちの性行動がどのように変化したかを明らかにした。その研究によると、現在のヨーロッパ人男性の64％は、青銅器時代に生きていた3つの認識可能な家系の子孫だという。つまり、ほぼすべてのヨーロッパ人男性の祖先をたどっていくと、わずか3人にしぼられるということだ。そして、その3人は当時生きていた男性たちのなかで最も強く、性交ができたのも彼らだけだったということだ。ほかの人たちはまったく性交ができなかった！　研究によると、石器時代には最も強い男性だけが子孫を残す、極端な一夫多妻制がとられていたという。

この驚くべき発見に至るまでに、ヨーロッパの17の集団にトルコとパレスチナを加えた、334人の男性のY染色体の遺伝子配列が分析された。ご存じのとおり、Y染色体は父親から息子へと受け継がれるため、男性の遺伝的多様性の進化を研究するうえで重要なものだ。石器時代には、ほんの数人の男性が子どもを作るなか、ほかの男性たちはそれを見ているだけだったということの発見は、イザベル・デュパンルー・デュペレが行った別の研究によって検証された。

再度、さまざまな集団に属している2000人の男性の細胞から採取したY染色体を分析したところ、2万年前に私たちの性行動に何らかの変化があったことが明らかになった。それ以前は染色体に遺伝的変異がほとんど見られなかったことから、繁殖する人が少なかったと考えられる。その後、何かが起こった。つまり狩猟採集民族だった私たちは、馬やオオカミを家畜化し、死者を埋葬し、道具や武器を作るために青銅を鍛える定住型の農耕民族になったのだ。

6万年ものあいだ、子どもを作っていたのは少数の限られた男性だけだったが、それから2万年かけて、すべての男性が性交できる安定した家族単位が形成された。


こうして2万年前にヒトの家族が誕生した。一夫一婦制であれ、一夫多妻制であれ、一妻多夫制であれ、家族はヒトの社会だけでなく、動物の社会の中心でもある。また、ミツバチ、シロアリ、アリなどの多くの昆虫は、高度な社会組織を発達させている。私たちが想像する以上に、サメは「社会性のある」生きものだ。コミュニティにおける協力とは、資源や経験を共有すること、つまりはともに生き残ることである。ヒトや動物の社会では、戦略、同盟、駆け引き、さらには嘘までもが日常的に使われている。

第6章

社会

LA SOCIETÀ

「送達」と呼ばれていたもうひとつの伝達方法は、特定の物品を届けることだった。(略)たとえば折れたナイフは、仲間の誰かや近親者が死んだことを示す、きわめて不吉なサインだった。半分に切ったリンゴは、盗品を山分けすることの誘いだった。(略)少量の土を包んだハンカチは、秘密は必ず守るというメッセージだった。

――ニコライ・リリン著『シベリアの掟』
(片野道郎 訳、東邦出版)

社会とは、仕事を分担したり、捕食者から身を守ったり、狩猟に協力したりするために集まっている同種の個体のグループのことだ。効率化を図るためには、ヒエラルキーを確立してコミュニケーションをとる必要がある。私たち動物は、視覚、聴覚、触覚、嗅覚を使ってコミュニケーションをとっている。

ミツバチのコミュニケーション

ミツバチの巣は、女王バチと、女王バチの働き者の娘である働きバチ、女王バチの幼虫、そして雄バチが一緒に暮らす大きな家のようなもので、それぞれが自分の仕事を与えられている。

女王バチは繁殖することができる唯一のメスだ。寿命は4、5年で、腹部に蓄えられた精子を使い、何万匹もの働きバチや雄バチを産む。約10万匹の働きバチは生殖能力のないメスで、巣の維持と防衛を行う。そのうち年少のメスはサナギを育て、年長の「採餌バチ」は、水や蜜や花粉を探しに行く。1000匹の雄バチの仕事は繁殖だけだが、たまにサナギの養育に協力することもある。

ミツバチの社会が機能するには、システム全体が完全に整備されていなければならない。そのためにミツバチは香りを発散し、歌い、踊る。たとえば、女王バチはすべてのミツバチに自分の存在をアピールするために、香りを発散して、巣全体を酔わせる。巣のなかに女王バチのフェロモンが十分にあれば、働きバチは黙々と働くし、採餌バチは花粉をとってくるし、雄バチは何もしないでいる。女王バチが死んでしまったり、年をとりすぎて十分なフェロモンを発散しなくなったりすると、新しい女王バチが必要になる。巣のなかの女王バチのフェロモンが十分でなくなると、働きバチはローヤルゼリーで幼虫を育てはじめ、採餌バチは仕事を効率よく進められなくなり、雄バチは交尾の準備をしなければならないので活動的になる。

働きバチもまた、腹部背面にある「ナサノフ腺」から特別なフェロモンを分泌する。ロシアの動物学者、ニコライ・ヴィクトロヴィッチ・ナサノフによって発見されたこのフェロモンは、採餌バチを巣の入り口に誘導する信号灯のような役割を果たす。また、この「家のにおい」は、ミツバチがよく行く草地や水たまりなどの採餌場所を示すのにも使われる。危険が迫ると別のフェロモンが出て、敵を刺して家を守る力が誘発される。ミツバチは敵を刺すとき、相手の肌に毒針だけでなく消化管の一部も残すため、刺す行為は命がけだ。腹部に負った深い傷は、数分以内にミツバチに死をもたらす。

においによる科学的コミュニケーションは非常に重要だが、ミツバチは動きによるコミュニケーションも可能だ。視覚と触覚を刺激するダンスによって、採餌バチは餌のありかを仲間に知らせる。仲間がまだ気づいていない花が咲いている草地から戻ってきた採餌バチは、腹部を揺らし、羽を振動させ、ふたつの半円を描くようにぐるぐるとまわりはじめる。こうしたダンスを通じて、蜜や花粉の採取に適した場所と、そこまでの飛行距離を仲間に伝えるのだ。動きによるミツバチのコミュニケーションは非常に洗練されている。なんと、土埃にまみれて餌場から巣に戻った採餌バチは、特定の方法で腹部を揺らすことで、働きバチに汚れを落としてもらったり、花粉を下ろしてもらえるようにお願いすることもできるのだ。また、ミツバチのコミュニケーションには音も重要だ。巣分かれの際、女王バチは働きバチの結束を強める作用があるとされる、まさに「女王の歌」というべき抑揚のある音を出す。一方で、若い女王バチは、働きバチの攻撃性を抑えるために鋭い音を出す。

生殖力を持たない階層

ハチの社会はシロアリやアリの社会と同様に、数万もの個体があたかもひとつの個体であるかのように完璧に調和して働くことから、完璧な社会を意味する「真社会性」と定義される。この完璧な社会は、巣と女王バチを助け、働き、繁殖せず、必要であれば我が身を犠牲にする、生殖力を持たない階層が存在するおかげで成り立つものだ。

なぜ働きバチは繁殖せず、働かなければならないのか？　ほとんどの個体にとって進化的な成功がないに等しいこのような社会は、どのように進化してきたのだろうか？

社会行動の遺伝的基盤を研究する社会生物学者は、ミツバチの巣の親族関係を分析することで、その答えを探ろうとした。

セイヨウミツバチの場合、巣分かれのあと、新しい女王バチといちばん初めに交尾をしたオスは、女王が自分以外と交尾できないように、自分のペニスで女王の体内をふさいでしまう。これは重要な見解であるが、よく議論の的となっている。おそらく複数のオスが新しい女王と交尾をしているだろうが、この説が本当なら、巣に住んでいる何千ものミツバチが同じ母親と父親から生まれたということになるからだ。社会生物学者によると、このような大家族の姉妹同士はとても仲がいいが、姉妹は兄弟の存在を嫌がるという。なぜなら、姉妹は兄弟を二流の親戚だと思っているからだ。こうした親族間の愛情を説明するには、やはり性について語る必要がある。

卵子と精子の話を覚えているだろうか？　生殖細胞には、完全な個体を生み出すために必要な遺伝情報が半分しか含まれていない。母親の卵子にはその遺伝子の半分が、父親の精子にはその遺伝子の半分が入っている。卵子と精子が出会い、半分ずつの遺伝子情報がそろって、子どもが生まれる。

父親である私が子どもたちを愛しているのは、私と彼らが遺伝子の半分を共有しているからだ。また、元妻が子どもたちを愛しているのも、元妻と彼らが遺伝子の半分を共有しているからだ。子どもたちも互いに遺伝子の50%を共有している間柄なので、プレイステーションのことで喧嘩をしているとき以外は愛し合っている。これはやや社会生物学者寄りの見解である。とにかく、ミツバチの話をしよう。

女王バチは遺伝的に正常な2対、計32本の染色体を持ち、その卵子は半数の1対のみ、すなわち16本の染色体から成る。一方、雄バチは無精卵から生まれるため、1対16本の染色体しか持たず、精子を形成する際に染色体を正常に分配することができない。したがって、ミツバチの姉妹は遺伝子の約75%を共有している。すさまじい姉妹だ。一方で、兄弟は通常どおり、遺伝子の約50%を共有している。兄弟と姉妹が共有する遺伝子はわずか25%に過ぎない。まるでいとこ同士のようだ。次に、社会生物学者の視点からこの状況を考えてみよう。

メスの働きバチは、遺伝子の75%を共有する姉妹をどれだけ愛せるのだろう？　たくさん愛せる！　息子に対する父親の愛よりも、ずっとたくさん。

メスの働きバチは、遺伝子の25%を共有する兄弟をどれだけ愛せるのだろう？　愛していないに等しい！　兄弟と姉妹は、ほとんど見知らぬ存在だ。

これが正しければ、女王バチがメスしか生まない場合、働きバチは遺伝子的にとても有利な進化をしていることになる。そう考えると、姉妹同士が互いを支え合う一方で、オスを支えないという現象があってもおかしくない。これを実験で検証するのは難しいが、女王バチはオスとメスの両方を産みつづけているにもかかわらず、働きバチと雄バチの比率は100対1だ。こんなにも比率に差があるのは、サナギの世話をしている働きバチがオスの幼虫を殺しているからだ。女王バチはオスとメスにかかわらず、すべての子どもを愛している。女王バチはすべての子どもに囲まれたいのだろうが、残念ながらそうはいかない。娘たちをごまかすために、特別なにおいを使って、オスが生まれる無精卵を隠そうとするが、狡猾《こうかつ》な娘たちはすぐに嘘を見破ってしまう。

社会生物学者は、卵の存在を隠すというこの話を、真社会性で女王バチが娘たちよりも有利に働く好例として解釈している。一方で、サムライアリ属の奴隷アリの社会では、働きアリの階層は存在せず、兵士アリの階層のみが存在する。サムライアリ属の巣で働きアリとして働いている個体は、他種のアリだ。サムライアリ属のアリは、バイキングのように他種のアリの巣を攻撃して、餌だけでなく幼虫も略奪する。拉致された幼虫は、連れてこられた先のアリのにおいを吸って成虫になり、あたかもその巣で生まれたかのように働きはじめる。もともと同種でないので、彼らは自分たちが育てている幼虫の性別がわからない。どの幼虫も同じように世話をするので、結果的にオスとメスの比率は1：1になる。

社会生物学者が長年にわたって述べてきた生殖力を持たないカーストや真社会性についての見解は、種によってはつじつまが合わないため、多くの異論が唱えられてきた。たとえば、女王バチが多くのオスと交尾をした場合、姉妹が共有する遺伝子の平均的な割合はそれほど高くないだろうから、姉妹同士の愛は遠いいとこに対するもの程度になってしまう。

また、数種のシロアリにおいては、ハチのようにオス由来の遺伝子がメス由来の遺伝子の半分になることはないので、たとえメスの数がオスより多くても、姉妹同士も兄弟同士も同様に、遺伝子の半分を共有するといわれている。それに、交尾する女王が複数いる真社会性も存在する。進化生物学者であるウィリアム・ドナルド・ハミルトンは、生殖力を持たない階層に関する見事な仮説を打ち立てたが、それを適用できるのはミツバチだけで、別種には適用できない部分がある。

哺乳類にも真社会性の動物がいる。ハダカデバネズミは、ソマリア、ケニア、エチオピアの半砂漠地帯に生息するネズミだ。毛がまったくなく、しわだらけでピンク色の皮膚と突き出た歯を持ち、数百匹で集まって地下トンネルの複雑な迷路に暮らしている。このネズミの社会は、一匹の大きな女王と複数の王、たくさんの小さな助手たちで成り立っている。助手は新しいトンネルを掘ったり、それを修復したり、餌を探したり、捕食者から巣を守ったりする。彼らの社会でも、労働者の階層にいる個体は繁殖しない。彼らが生息する土地には餌が少なく、捕食者は多く、穴を掘るのも困難だ。彼らの生態について、複数の生物学者は次のように考えている。「巣穴から外に出た場合、餓死したり、捕食者に殺されたりするリスクがあるため、助手たちは将来を考え、生まれた安全な場所にとどまり、自分をこの世に生み出してくれたほかの個体を助けているのだ」

群れのヒエラルキーとクーデター

同じ生物学者たちによれば、これはイスラエルの砂漠に生息するアラビアヤブチメドリにもあてはまるという。この種においても、群れを支配するつがいは繁殖できるが、服従する側の個体は繁殖できない。ツグミと同じくらいの大きさのアラビアヤブチメドリは、10羽ほどの群れに分かれ、縄張りを維持して守っている。砂漠での暮らしは過酷なものだ。身を隠したり、巣を作ったり、餌を見つけるのに適した草木の多い場所を守ったり、征服したりしなければならない。そのため、近隣の群れと毎日のように衝突する。アラビアヤブチメドリは、昆虫、ヘビ、トカゲ、他種の鳥だけでなく、果物、種子、花といったあらゆるものを捕食する。知的で寿命が長く、適応力のある鳥だ。

餌を見つけることができない干ばつの年には、支配するつがいは巣を作らないが、雨が降れば2、3羽のヒナを連続で産む。時期を選んで繁殖することで、資源を無駄にすることなく、たくさんの子孫を残すことができるのだ。妻のアヴィシャグとともにこの鳥を研究していたアモツ・ザハヴィによれば、繁殖の成功と長寿が組み合わさると、自分の縄張りを見つけるのが困難になるため、両親と生活をともにしながら敵を撃退したり、兄弟の子育てを助けたりする個体が過剰に発生するという。

群れには確固たるヒエラルキーが存在する。頂点に立つつがいが年長のオスを支配し、年長のオスが若いオスを支配し、若いオスがメスを支配する。子どもたちの巣立ちのすぐあとに、ヒエラルキーは確立され、もっとも強い個体がその他の個体を支配するようになる。

ザハヴィによると、ヒエラルキーがひとたび確立されたあとに一族内で争いが起こることはまれで、状態は慣例化されていくが、ときには服従する立場の個体が、頂点に君臨する個体を失脚させるためにクーデターを起こすことがあるという。その場合、敗者は死ぬか、追放される。ザハヴィは次のように述べている。「この種の戦いは激しく、突然始まる……。ふたりの兄弟のあいだ、あるいは何年も一緒に暮らしてきた父子のあいだの恨みや、抑圧されてきた敵意のすべてが、この生死を懸けた一度きりの戦いで爆発するかのように」

まれにクーデターが起こることもあるが、通常は群れ全体で協力して子どもたちの世話をして、縄張りを守っている。オスの数が多ければ多いほど群れは強くなる。同じオスの血統が5世代も続いているケースもあるという。すぐに服従させられた姉妹は、よりよい生活を求めて、女王になれるかもしれない近隣の群れに移っていくことが多い。若い個体の分散は、群れのなかでの近親相姦を避けるための基本的な戦略だ。オスはアラビアヤブチメドリのヒエラルキーでは支配する立場だが、ハイエナのヒエラルキーでは服従する立場である。

ブチハイエナの女王

ブチハイエナは、サハラ砂漠以南のアフリカ全域に生息する大型の肉食動物で、恐ろしいほど俊足のハンターだ。ライオンの2倍の大きさがある心臓のおかげで、止まることなく何十キロも獲物を追いかけることができる。彼らがアフリカ大陸で広く生息できているのは、力が強く攻撃的で、どんな状況にもすばやく順応し、ほかの肉食動物から獲物を盗み出したり、死骸を食べたりすることができるからだ。ブチハイエナの社会構造は、協力よりも競争に基づいている。最強の存在である1匹のメスが群れを支配し、体が小さくて弱いオスは群れの隅で暮らしている。

私が初めてハイエナを間近で見たのは、ボツワナのモアミ・ゲーム保護区を訪れたときのことだった。オウムを求めて、南アフリカ、ナミビア、ボツワナを1カ月近く旅していた、スコットランド人の同僚であるスチュアート・テイラーと一緒だった。保護区内に入った日、ガソリンと食料が底をつきそうだったので、国境の町のカサネでそれらを蓄えようという話になった。乗っていた車は、トヨタの1969年製のランドクルーザーだ。荷台のついた3人乗りのその車をキャンピングカーとして使っていたが、荷台といっても2本の柱に屋根がついただけの造りで、とてもキャンピングカーと呼べるような代物ではなかった。

私たちはモパネの木が茂る森に立ち寄ってテントを張り、折りたたみテーブルを広げて料理を作ることにした。料理を担当したのは私だったが、我ながらあのような環境でよくやっていたと思う。小麦粉、ビール、卵、塩を混ぜた生地を、炭火で熱した鉄の鍋に入れて焼き、パンを作った。あれは本当においしかった！　その日の夜には、冷蔵庫いらずの地元の干し肉「ビルトング」、フリーズドライの卵、パスタを使って、スパゲティ・カルボナーラを作った。前もって首都のウィントフークで買っておいたものだ。パスタの包みをテーブルの上に置き、油を取ろうと向きを変えた瞬間、こちらをじっと見つめていたヒヒのつがいがパスタを奪って逃げていった。

スチュアートが火をつけたとき、すでに日は暮れていて、近くを流れる川からカバの鳴き声が聞こえてきた。夕方の暖かい空気のなかに、こんがりと焼かれた肉のにおいが漂っていた。盗まれずにすんだパスタを茹《ゆ》でて湯を切り、卵と肉を加え、強火で熱してかき交ぜる。料理に適した環境とは言えなかったし、ローマのモンテサント通りのレストラン「ダンテ」のカルボナーラとは似ても似つかない出来だったが、食べ物があまりない状況では、格別においしく感じる。食べきれなかったパスタは鍋に入れっぱなしにして、翌日の朝食用に取っておくのが常だった。夕食後は火の前でおしゃべりをして、すべてを外に置いたまま寝ることにした。スチュアートはキャンピングカーに泊まり、私は小さな赤いテントのなかに入る。疲れていた私は寝袋に潜り込むと、読んでいた本を開きもせずに深い眠りに落ちた。

　何時ごろのことだったかは定かでないが、しばらくしてからくんくんという鳴き声と、何かをしつこく舐める音で起こされた。テントのジッパーを上げると、数メートル先に、残り物のカルボナーラの入った鍋を舐めている2匹のハイエナがいた。そのままじっと観察するか、追い払ってみるか、気づかれないことを祈ってテントのなかに閉じこもるか。2匹のうちの1匹がこちらを見たとき、私は3つ目を選択した。ゆっくりとテントのジッパーを閉め、真ん中でじっと座り込んで、2匹が去ってくれることを願った。途中でおそらく眠ってしまったのだろうが、夜が明けるまでずっとそこから動かなかった。

　朝日が昇ってから外に出てみると、朝食はなくなっていて、スチュアートはキャンピングカーのなかで穏やかにいびきを掻いていた。昨夜の2匹の訪問者は、足跡と大きさ、攻撃的ではない振る舞いから、オスだと確信した。あれが腹を空かせたメスだったら、私をテントから引きずり出して殺していただろう。数年後、メスのハイエナがインパラを殺して貪り食う様子を木の上から見たとき、頭に浮かんだのはあの夜の出来事だった。

ヒエラルキーの最上位にいる
ブチハイエナのメス

ハイエナの社会で主導権を握るのは常にメスだ。オスはヒエラルキーの最下層に追いやられている。つまり、オスは餌にありつけるのが最後で、メスたちの横暴に常に悩まされているということだ。メスの振る舞いは攻撃的で、もはやメスの範疇《はんちゅう》を超えているといってもいい。メスのハイエナの陰核は、形、大きさ、勃起能力がオスのペニスによく似ている。メスはこの肉付きのいい突起を、自らの力を誇示するために見せつけるのだ。

群れのリーダーのメスにとって、子どもが生き残るかどうかは、自身の無慈悲な心が決める。メスは子育てをする約2年間、子どもの餌を確保するために、戦わなければならない。リーダーであるメスは、子どもの性別を決めることができる。食べ物が豊富なときは、群れと自らの力を強める大きなメスを出産するが、逆に豊富でないときは、オスしか生まない。オスは体が小さいので、成長に必要な乳や肉が少なくてすむのだ。

母親が支配する縄張りを離れた子どもには、愚かな旅人のカルボナーラを食べる以外にもすることがある。母親の遺伝子を近隣の群れに広めはじめるのだ。この戦いは生まれた直後から始まるので、ハイエナの戦士たちの生活は決して楽ではない。彼らは歯が生えそろった状態で生まれてくる唯一の哺乳類であり、生まれてすぐに戦いはじめる。事実、子どもたちは群れの女王になる個体を決めるために戦って、命を落とすこともある。

カリスマで統率するリカオン

ハイエナの社会が戦いと力をベースにしたヒエラルキーに基づいているのに対し、同じく知的で冷酷なアフリカのある肉食動物の社会は、命令する個体の権威、模範、知恵をベースにしたヒエラルキーに基づいている。その動物とは、サバンナに生息するイヌ科のリカオンだ。群れで狩りをし、耳は丸くて大きく、常にレーダーのように動いている。鼻口部は黒ずみ、毛は黄色がかっている。ハイエナのように待ち伏せをして狩りをするのではなく、獲物を何キロも追いかける。一度獲物を捕まえると、ほかの捕食者に奪われないように、わずか数分で貪るように食べてしまう。私はかつて、リカオンの群れがインパラを6分もかけずに殺し、食べてしまうのを見たことがある。群れの個体数が多いほど、殺す獲物も大きくなる。

オオカミと同じで、命令するのはアルファカップル、つまり群れを形作ったカップルであり、群れの模範だ。繁殖できるのは彼らだけだが、特に獲物が多い時期には、従属する個体にも繁殖が許される。母親と子どもは3カ月という長いあいだ、巣穴のなかで過ごす。子どもには群れの仲間が吐き戻した肉が与えられる。すべての動物の社会と同様に、リカオンの社会でも、個体同士を結びつけるのはコミュニケーションだ。

あいさつの儀式はとても印象的だ。2頭以上の個体が出会うと、鼻口部をこすり合い、両耳を下げ、舐め合い、鳴き声をあげ、ときにはお互いのためにおいしい食べ物を吐き戻す。あいさつの際に使われるのは、視覚、嗅覚、触覚、聴覚だが、主に嗅覚が使われていることは間違いない。鼻口部、生殖器、肛門周囲にある臭腺のおかげで、リカオンは互いを認識し、性別、年齢、健康状態、交尾の可否、相手の気分までも識別する。それぞれの群れはミツバチのように特定のにおいを持っていて、すべての個体は体に染みついたそのにおいで互いを認識し合っている。

私はかつて、ザンビアでインパラを狙うリカオンの群れをジープで追跡したことがある。リカオンは群れを統率するために、走りながら甲高い鳴き声をあげていた。尾を背中の上で弓なりにして掲げ、先端の白い羽がはっきりと見えるようにしていた。この旗も、狩りをする群れの団結を強めるためのものだ。リカオンは警戒信号を出したいときに吠え、服従したり餌をねだったりするときは鳴く。そのときに一緒にいた研究者によると、リカオンはライオンやハイエナとは違い、怪我《けが》をした仲間を見捨てず、群れ全体で支えて餌を与えるのだそうだ。リカオンは力でなく、カリスマ性によって主導権を獲得するのである。

ベルベットモンキーの献身

社会的な群れにおいて、カリスマ性は決して軽視できない要素だ。なぜならば、ほかの動物に尽くすことができるカリスマ性のある存在は、暴力的な存在に比べて、群れへの影響力が格段に大きいからだ。

ベルベットモンキーは、アフリカのサバンナに生息する、いたずら好きな小型のサルだ。私が最後に彼らを見たときは、テントのなかに勝手に入ってきて、すべてを滅茶苦茶《めちゃくちゃ》にした挙句、アスピリンとメラトニンの錠剤だけを持って出ていった。人懐っこく、まさに小さなギャングという呼び名がぴったりの彼らは、常に食べ物を探して動きまわっている。

ベルベットモンキーの群れは、血の繋がったメスと、よその群れから移ってきたオスで成り立っている。最も年長のメスが統率するヒエラルキーと、最も強いオスが統率するヒエラルキーのふたつが存在する。

後者のヒエラルキーの頂点に立つ最強のオスは、自分以外のオスがメスと絆を結ぶのを防ぐだけでなく、捕食者に最も果敢に立ち向かう。自分の群れが食事をとっているあいだ、木に登って見張りを行い、ワシ、ヒョウ、ヘビ、ヒヒからの攻撃を防ぐのだ。空からワシが現れると、自らおとりとなってワシの注意を引きつけ、群れに警戒音を出して安全な場所に逃げるように促す。出産の時期に多く見られることが確認されているこのような見張りのおかげで、メスは安心して出産に臨める。それにしても、なぜ群れを率いるオスは自らおとりになるのだろう? 自分が統率する立場なのだから、下位の仲間に見張りをさせればいいのではないか?

この問いに答えるにあたって、自分が生後間もない赤ちゃんを抱えているメスのベルベットモンキーだと考えてみてほしい。群れに属しているあなたは、赤ちゃんに乳をたくさん与えているためにお腹が減っている。そして危険な環境下での子育てに不安を感じている。そんなとき、ハンサムでたくましく、魅力的なオスが木の上で見張りを始める。彼はあなたと群れ全体のために命を懸けている。あなたを守るためなら空腹さえ厭《いと》わない彼を、あなたはどんな目で見るだろう？　このように、自己犠牲の精神は、個体にカリスマ性を与える。利他主義は、他者だけでなく、自らを犠牲にして信頼を得ようとする者にも恩恵をもたらすのだ。

贈りものを押しつけるアラビアヤブチメドリ

このことは、アラビアヤブチメドリの行動を見ればすぐにわかる。アモツ・ザハヴィによれば、1日の初めに食べ物を探しはじめるアラビアヤブチメドリの群れを観察すると、常に1羽が木のてっぺんにとまっているのが見られるという。その1羽は捕食者を見つけると大声で鳴きはじめる。ベルベットモンキーと同じで、群れに警戒音を出すだけでなく、捕食者の注意を引きつけているのだ。ティルザ・ザハヴィによれば、群れの上位の個体が見張りに立つ回数は、下位の個体に比べてかなり多い。下位の個体が見張りを始めるとすぐに交替させられるし、見張りの場所を離れることを拒むと、乱暴に追い払われてしまう。アラビアヤブチメドリの行動には、次のような決まりがある。「見張りの際に上位の個体をどかすことはできない。許されるのは、せいぜい低い枝に立つことくらいだ」。アラビアヤブチメドリは「利他主義者である権利」を得るために競い合うのだ。

　タムシ・カーライルによると、アラビアヤブチメドリは巣に餌を運ぶ際に、群れの個体同士で競い合う。巣に1羽のヒナしかいなくても、くちばしに餌を咥えた鳥が列をなしたケースもあったという。その際も、最初にヒナに餌を与えることができるのは上位の個体だけで、その後はヒエラルキーの順位にならって、その他の個体が与えていた。

　興味深いことに、同性のおとな同士で餌を交換する習性があることも確認された。上位の個体は下位の個体に贈りものを受け取ることを義務づけていて、下位の個体があえて上位の個体に餌を提供しようとすると、追い払われてしまう。餌を交換する際、与える側は群れのすべての仲間にその様子を目撃してもらおうと、大きな声を張り上げる。「みんな、俺が何をしているか見てくれ!!!　おいしい虫をあげているんだ!!!」

　餌を差し出された側は、くちばしを固く閉じて受け取らないこともあるが、最後には強引に食べさせられてしまう。

　また、群れで団結して捕食者を追い払う「モビング」という行動の際に、もうひとつの興味深い現象が確認された。アヴナー・アナヴァが行った猛禽類《もうきんるい》の剥製を使った実験によると、強力な支配者であるアルファオスと、若くて弱い複数のオスとメスで群れが成り立っている場合、アルファオスは猛禽類に果敢に立ち向かうことがほとんどなかったのだ。

しかし、強くて支配的なアルファオスのほかに、彼と同じくらい強く、たまにメスに手を出すこともあるおとなのオスが複数いる群れならば、話は別だ。このような群れを率いるアルファオスは、がぜん張り切る！　ほかのオスたちを追い払い、ものの見事に手ごわい捕食者を撃退するのだ。また、下位のオスたちが強くても、アルファオスによる支配を受け入れている群れでは、下位のオスたちは捕食者を攻撃するそぶりを見せず、アルファオスが死ぬことを期待しながら先に攻撃に送り出し、身を引いているのが面白い。

ザハヴィによれば、これらの動物は同性の仲間同士で戦うのではなく、競争する。戦いの代わりになるのが利他主義だ。なぜならば、暴力は分裂を生み、群れはまとまりがあってこそ強くなるからだ。攻撃は、勝者と敗者の双方に高すぎる代償をもたらすだろう。アラビアヤブチメドリは仲間を威嚇することはないが、もし威嚇するのであれば、戦うか、群れを離れる覚悟を持たなければならない。

「ハンディキャップ理論」において、ザハヴィは次のように述べている。「支配する個体が威嚇しても無駄に終わったり、争いを解決できなかったり、ミスを犯したりするたびに、潜在的なライバルである仲間で成り立つ群れ全体に気づかれる」

公平なノドジロオマキザル

動物の社会には、「下心のある利他主義」だけでなく「公平感」も存在する。2003年、ジョージア州立大学のサラ・F・ブロスナンと、動物行動学者で霊長類学者であるフランス・ドゥ・ヴァールは、すべてのサルは公平感を生まれながらに持っていると述べた。この説が正しければ、私たちが不公平な目に遭ったときに感じる強い不快感は、DNAに組み込まれているということになる。ふたりの研究者は、この興味深い理論を証明するにあたって、非常に寛容で協力的なコミュニティに生息する南米の小さなサルである、ノドジロオマキザルに次のような実験を行った。

まず、ある群れにいくつかの課題を出した。それが正しく行われたら、ごほうびとしてキュウリを与えた。研究員たちはここで実験に「不公平」をとり入れ、正しく課題を行った2匹のサルの1匹には先ほどと同じキュウリを与え、もう1匹にはブドウを与えた。キュウリを与えられたサルは、同じ努力をしたのに報酬の質が劣っていることに気づき、キュウリをケージから投げ捨てた。つまり、ノドジロオマキザルは扱いが不公平だと感じると非常に腹を立て、餌を諦めることさえあるのだ。同じことがほかのサルにも起こるかを確認するために、研究者たちはいわゆる「最後通牒ゲーム」を行った。

内容は次のとおりだ。あなたはある人物から100ユーロを受け取る。あなたが誰かと

100ユーロを分け合ったときだけ、分けた金額を入手できる。相手があなたの言い値を受け入れれば、各々が取り分を入手できるが、相手がその言い値を拒否すれば、どちらもお金を受け取れない。

お金はどのように分配されるだろう？

理論上、相手は何も受け取らないよりはましだと考え、たとえ1ユーロを打診されても受け入れ、各々がお金を手にするだろう。ヒトにこの実験を行ったところ、相手は金額の30〜40％を打診された場合のみ受け入れた。打診される額がそれより少ないと、先ほど紹介したノドジロオマキザルと同じで、取引そのものをはねつけた。

平均的に、ヒトは手持ちの金額の30〜50％を打診する。

つまりヒトの場合、取引を打診された側は、金額が低すぎると感じたら受け取りを放棄する。なぜなら、ヒトは不公平なことをされるくらいなら金を受け取らないほうがましだと考えるうえに、守銭奴を懲らしめることに大きな満足感を得るからだ。

打診する側も不公平は好まないし、取引を拒絶される可能性を最小限に抑えたいし、相手に守銭奴だと思われたくないので、30％以下の金額を持ちかけることはほとんどない。チンパンジーでもまったく同じことが起こる。同じ趣旨の簡易化した実験を行ったところ、打診する配分は30％〜50％であることが明らかになった。また、最も公平な50％を打診するのは、すでに相手を知っていて、よく一緒に遊んだり食べたりしており、今後も長期的な協力関係が想定される場合だった。

実験を行ったブロスナンは、動物が公平感を持つようになったのは、正義のためではなく、利益のためだったという仮説を立てた。贈りものを受け取れるはずのチンパンジーが目先の利益を放棄するのは、放棄することで将来的に見返りが得られると思うからだ。彼らはまさにこう考えているのではないだろうか。「自分のものを彼に分けてあげれば、友達になってくれるかもしれないし、狩りに行くのを手伝ってくれるかもしれないし、危険なときには守ってくれるかもしれない」

リーダーになるためのヒトの行動

では、ヒトはどうだろう？

この観点から考えると、あらゆる霊長類やオオカミに見受けられる公平感は、長期的な協力関係を築く能力に基づいた進化の産物であるといえるかもしれない。これは、サル、オオカミ、シャチ、アラビアヤブチメドリといった、複雑な社会に生きる動物たちも、未来を想像し、それをよりよく変えるために行動できることを前提としている。あなたがどう思うかはわからないが、私はこの説に賛同する！

私たちにはモラルがある。他人のために自分を犠牲にできる――それこそがヒトと動物との違いだと考えられている。私利私欲のない行為を見ると気分がよくなるし、他者が「共通の利益」のために力を尽くしている姿を見るのもいいものだ。だが、それはなぜだろう？　そこに進化的な意味はあるのだろうか？　なぜ進化は尊い行動に優位に働くのだろう？

これまでアラビアヤブチメドリ、ノドジロオマキザル、チンパンジーについて述べてきたことを考えれば、ヒトの利他的な行動は社会的成功と関連しているように思えてくる。

はっきりさせておきたいが、何も利他主義者のことを「自らの利益だけを求めて嘘をつく悪人」だと言いたいわけではない。他者の利益を優先する考え方は、自然淘汰の恩恵を受ける場合があると言いたいのだ。なぜかというと、ほかの社会的動物と同じく、利他主義者であれば、グループ内での階層的地位が上がるからだ。

2020年4月25日に放送された、イタリアのレジスタンス運動に関するドキュメンタリー番組で、歴史の専門家がパルチザンのグループの構造について解説していた。パルチザンのグループのひとつに、前線から戻って山に身を潜め、ファシズムに抵抗していた兵士たちで構成されたものがあった。彼らのグループには、最高位の者が命令を下すという軍隊式の厳格なヒエラルキーが残っていた。なかには会社員、学生、労働者といった、軍事経験のないあらゆる年代の男性たちから構成されている兵団も存在していた。歴史の専門家によると、グループには当初、命令する「リーダー」と実行に移す「部下」というヒエラルキーは存在せず、あらゆる活動を全員で行っていたという。しかし、あるときから、最も冷え込みの厳しい夜に見張りに行き、最も危険な任務につくことを選び、自分の温かい食事を負傷者に与えたりして仲間に尽くす人物が、リーダーとして認められはじめた。嘘をつかず、尊い感情に突き動かされた人が、仲間の尊敬を集め、慕われるようになったのである。利他的な行動がその者の品格と能力を示し、名声、リーダーシップ、社会的地位を高めるのは、私たちヒトの場合も同じだ。

ヒトは犠牲に対する強い衝動を持っていて、ときには危険にさらされている人を救うために命を懸けることもある。人や国、そして神のために死ぬと、尊敬され、模範とされる。そして「究極の犠牲」を払った人物は、英雄や聖人として歴史に名を残す。

「命の危機」は分析すべき興味深いポイントだ。英雄的な行為を日常的にする必要がないにもかかわらず、ヒトのなかでも特に男性は、自らの強さを証明する必要があるかのように、あえて危険な行動をとる。山に登ったり、地下を探検したり、パラシュートで飛び降りたり、闘技場で雄牛に立ち向かったり、無茶なスピードで車を走らせたりする。

かつてサハラ砂漠を歩いて横断し、大西洋を数カ月かけてボートで渡ったある探検家の話を読んだことがある。彼は自らの限界に挑戦し、人間の偉大な能力を浮き彫りにし、内面を見つめ、神と自分自身をわずかでも見出すために、体力と気力だけで何千キロもの距離を移動した。

また、2018年、世界で最も名を知られ、尊敬されているクライマーのひとりであるアレックス・オノルドは、ロープもハーネスもカラビナも使うことなく、高さ900メートルの垂直の花崗岩《かこうがん》であるエル・キャピタンを単独で登頂した。彼はインタビューのなかで、自分が登る斜面を「この世に存在する最も恐ろしい壁」と呼び、そこに登ることがいかに「死と隣り合わせの危険な挑戦」であるかを強調していた。リスクの伴う行為だったが、この偉大なクライマーがつけた火は消えず、その偉業は同年にナショナル・ジオグラフィックによって『フリーソロ』という映画になった。事実、自分自身を見つめ直そうとする探検家も、黙って内面を探索せずに、ワシの攻撃に身をさらして吠えたてるベルベットモンキーのように、自らの偉業を公表しているのだ。

また、F1のレーサーは有名人で、何百万人ものファンと多くのスポンサーに支えられている。彼らは命を危険にさらすことで、世界に自らの強さと勇気を示し、功績を通じて自分自身を見出し、人間の偉大な肉体的、精神的な能力を浮き彫りにし、ついでに豊かで有名で重要な存在となっている。注目すべき点は、リスクを冒すのがたいてい男性だということだ。男性にとって、アドレナリンの出るスポーツや冒険に命を懸けることは、ほかの男性の前ではもちろんのこと、女性の前で、名声、尊敬、富を手に入れることを意味する。

16歳のころ、私はバカンスをマニアーゴにある祖母の家で過ごしていた。仲間と自転車でコルヴェラ川の急流まで走りに行っては、飛び込みをして遊んでいた。高いところにある岩を選んで、頭から飛び込んでいたのだが、ほんの数センチずれるだけで、岩に激突する恐れのある危険な場所だった。8月のある朝、私はとんでもないことをしでかした。フリザンコ方面の最初のトンネルを抜け、徒歩で登っていくと、ピニャッテ橋がかかる旧道に出る。橋の上から急流までは20メートルほどの落差があった。岩があるせいで橋の片側からは飛び込むことができないが、その反対側の、手すりを乗り越えて、黒い水道管の上に腰を下ろせば、十分な深さのある水のなかに垂直に飛び込めた。

手すりの上に座った私は逃げ出したかったが、仲間の視線を一身に浴びていた。こうなったら、やるしかない。私は呼吸を整えて目を閉じ、体をできるだけ垂直に保ったまま飛び降りた。アドレナリンが噴き出し、数秒間、すべてがスローモーションになった。体が岩のすぐそばを通り、みるみるうちに水面が近づいてきて、川にどぼんと落下した。水面に顔を出したときには、自分が無事なのが信じられなかった。その瞬間から、グループ内での私の立ち位置が変わった。命を懸けたことで、仲間から一目置かれるようになったのだ。私は挑戦から逃げ出さず、恐れを顔に出さず、死に逆らわなかった。あの日のことを思い出すと今でもぞっとするが、川に飛び込んだことで仲間の自分を見る目が変わったし、女の子に対しても自信が持てるようになった。川に女の子はいなかったが、私が飛び込んだという噂《うわさ》が広まるのは確実だった。

あのころの私は本当に愚かで、仲間と一緒に縫ったシーツをバイクにくくりつけて猛スピードで走り、パラシュートみたいに開いたり、山道を疾走するバイクから飛び降りたり、馬鹿げたことばかりしていた。10代の愚かな人間が揃《そろ》って男性なのは、人間の男性に、グループの一員になりたい、リーダーとして認められたい、女の子にいい印象を与えたいという先祖代々の欲求があるからだ。

ヒトの男性のグループ、女性のグループ

かつて中央アフリカ共和国の森で、ピグミー族と生活をともにしたとき、狩りに同行させてもらったことがある。ピグミー族の男性たちは、網、棒、そして槍《やり》を持って先に進み、女性たちは赤ちゃんを胸に抱えたり、布製のリュックサックのようなものを背負ったりしてあとに続く。年長の子どもたちが塊茎を掘ったり、果物を摘んだりして女性たちを手伝いながらついていくこともあった。

男性たちは、彼らにしかわからない手がかりをもとにさっと散っていくので、ついていくのは本当に大変だった。私にとってジャングルは植物が絡み合っただけの場所だが、彼らにしてみれば、動物がどこを通ったかが一目瞭然のようだ。彼らはまるで魔法にかけら

れたみたいに、本能のままに森を突き進んでいるように見えるが、実際には効率よく獲物をしとめられるように、ひとりひとりの動きがきちんと決められている。獲物を見つけると、逃げ出す獲物を見張る役の男たちが叫び声をあげ、棒と槍で武装した男たちが待機する網に獲物を追いやり始めた。私は身を隠して、あたりを窺った。動物の悲鳴が大きくなってきたと思ったら、低木のあいだをジグザグに歩いてきた何者かが網の罠に引っかかった。小さなレイヨウであるブルーダイカーが、頭部に鋭い一撃を食らって息絶えた。離れた反対側の網でもう1頭が捕らえられ、そのあとでさらにもう1頭が捕らえられた。

全員分の十分な肉が揃うと、一行は立ち止まった。地面に並べられたのは、小さなブルーダイカー5頭、大きなブルーダイカー1頭の計6頭。女性たちは解体を始め、肉を均等に分けた。狩りに参加していなかった人にも肉が与えられた。ブルーダイカーはどの部位も無駄にされることなく、皮、腸、血さえも葉を使って集められ、均等に分けられた。

もし男性たちが完璧に団結せず、お互いを信頼し合っていなかったら、何もとれなかっただろうし、全員が食べ物に困っただろう。狩りをするピグミー族にも仲違《なかたが》いがあるのは確かだが、アラビアヤブチメドリと同じく、グループ内での暴力は禁じられている。暴力が振るわれればグループは崩壊し、全員が餓死してしまうからだ。

アラビアヤブチメドリに見られるように、太古の昔から、最も強いオスは仲間を力で抑えつける代わりに英雄的な偉業に命を懸けることで、尊敬を集めてきた。攻撃性と暴力が用いられるのは、ほかのグループに対してだけだ。

それは今日も変わらない。グループの規模にかかわらず、地域のギャングであれ、スポーツのファンクラブであれ、チームであれ、会社であれ、事務所であれ、軍隊であれ、宗教であれ、国であれ、政党であれ（グループ名はご自由にどうぞ）、暴力は常に外部に向けられる。内部では威信のために争いが起こるが、ピグミー族においてそうであるように、暴力はグループを弱体化させるため、平和的な方法がとられる。明確な目標はグループの存在そのものを正当化するので、戦うべき敵や捕らえるべき獲物、あるいは達成すべき目標を持つことは、男性にとって重要なのだ。


女性の場合は少し事情が異なる。私の祖母のマリアは、まさしく鋼の軍曹だった。祖母は誰かと意見が食い違うたびに「いいでしょう。好きにしなさい」と言って終わらせるのだが、その意味は「議論は終わりよ。私の言うとおりにしなさい」だった。農家の娘だった祖母は二度の戦争を生き抜き、食料不足に苦しんだ、強くて心の広い人だった。

祖母は幼い私にいろいろな話をしてくれたが、私が最も熱中して聞いたのは、祖母が歩んできた人生の話だった。祖母が母を産んだ数日後、祖母のいとこのひとりが出産で亡くなった。１９３６年当時、出産で命を落とすのは珍しいことではなかったのだ。祖母は悲しみに浸ることなく、リタと名付けられたその赤ちゃんを迎え入れ、優しく抱きしめた。

それからしばらく経った1950年代末、祖母の一族をふたたび悲劇が襲う。結婚して3人の子持ちだった姉のロマーナが、実家からヴィヴァリーナ通りを自転車で帰宅する途中、車にはねられたのだ。祖母をはじめとする一族の女性全員が義兄の家に集まり、3人の子どもの面倒をみた。

太古の昔から、ヒトはゾウのように、そして我が祖母マリアのように、親族の女性同士や友達同士で緊密なグループを作って助け合い、力を合わせて生きてきた。マッコウクジラに見られるように、一族の子どもたちは女性のコミュニティで育てられた。仲間のひとりが倒れたり、病気になったりすると、その子どもたちは仲間に引き取られ、食事を与えられ、風呂に入れられ、かわいがられる。狩りに協力するメスのライオンのように、女性は最も骨の折れる仕事を分担する。私は祖母がマットレスの羊毛の塊を梳《す》いたり、シーツを洗ったり、トウモロコシの皮を剝《む》いたりしていたのを覚えている。

男性の集団は進化によって、攻撃性を抑える仕組みを得ることができたが、女性の集団にはもともと攻撃性が存在しなかったため、そうした仕組みも整わなかった。ところが、現代の女性は攻撃性を持っている。

幸いなことに、現代の女性は、社会、政治、科学、仕事、文化、芸術、スポーツなどの分野で、感性とスキルを発揮している。

私はテレビの仕事を始めたばかりのころ、男性3人と女性15人のチームに配属された。

女性の内訳は、記者が6人、制作部門の職員5人、受付係2人、報道局の職員1人、管理局の職員1人。1年目はうまくやっていたし、多少なりとも調和があった。だが、2年目に争いが始まった。3年目になると、男性3人と私は廊下の突き当たりの一室に閉じこもった。あそこまでひどい言葉や脅し文句は、それまで聞いたことがなかった。私には専用の静かなスペースが与えられていたが、記者たちの調整役をしていたので、部屋には女性陣が絶え間なく入ってきて文句や不満を言ってきた。

女性陣があれほど攻撃的だったのは、仲間への理解が足りなかったからでもなく、実際に存在していなかったも同然の男性陣と競っていたからでもなく、性格があまりにも合わなかったからだろう。

2015年、スタンフォード大学の研究によって、男性と女性とでは、職場で受ける評価が大きく異なることが明らかになった。膨大な量のデータによって裏づけられたのは、女性社員は男性社員よりも業績がいいが、同僚に対して攻撃的すぎることを上司に指摘されているということだ。私はアメリカの企業に性差別があることを訴えた記事を読んだことがある。たしかにその記事の主張は正しいが、女性が攻撃的であることは、科学的な側面からも論じられている。宇宙から来た生物学者の視点で考えるなら、女性が攻撃的なのは、ヒトの男性のグループで暴力的な行動を制御するために、進化が何万年もかけて発達させてきたメカニズムが欠如しているためだろう。

ヒトの視覚コミュニケーション

本章の初めで述べたとおり、コミュニケーションは社会的集団を結びつける接着剤のような役割を果たす。ハチは香りで、鳥は姿勢で意思の疎通を図る。一方で、ヒトは一般的に音でコミュニケーションを図るが、音以外の方法も使う。

私はパートナーのフェデリカが、初対面の相手と話しているのを見るのが好きだ。フェデリカは話をしたり聞いたりしながら、相手の姿勢、手の動き、服装、視線の動きを観察している。相手に何を言われたかよりも、相手の声のトーンに気を配っている。フェデリカは目の前の人物を理解するにあたって、まるで宇宙から来た動物行動学者みたいに、真実とは限らない言葉以外のものを重視している。女性は言葉以外のものに意識を向けることが得意だ。男性よりも敏感に、ふるまいの微妙なニュアンスを察知することができる。

だからこそ、目に入るものが重要になってくる。服装は私たちの人間性を大いに語る要素である分、他人の注意深い目をごまかすことができない。タキシードを着ればある程度の社会的地位にある人間を装えるが、着慣れていなければカフスボタンの使い方が間違っていたり、ズボンのプリーツがあるべき状態になっていなかったりして、格好がつかないだろう。服装は、自分がグループの一員であることを示すものでもある。

私が高校生だったころ、パニナロ〔80年代のイタリアで流行ったアメリカのファッション〕、パンク、丸刈りの生徒がいた。当時はまさに制服というべきものが存在していたのだが、パニナロの制服は、格子柄のシャツ、モンクレールのダウンジャケット、裾を折り返したパンツ、エル・チャロのベルト、ジーンズのポケットに縫いつけられたナヨ・レアーリのワッペン、ティンバーランドの靴だった。もしあなたが当時の私の高校を訪れていたら、お金のない私を含む数人の落ちこぼれ以外の全員が、同じ格好をしているのを見ただろう。

同じ服を着た生徒たちは、自分をグループの一員だと感じていた。はたから見れば同じ格好をした集団に見えただろうが、本当の平等はそこにはなかった。よく見ると、ティンバーランドではなく、偽ブランドのティンバーブレムの靴を履いている生徒がいた。単なるちょっとした表記の違いだ。ポケットの折り返しに色付きのワッペンが縫いつけられていないジーンズを穿いている生徒もいたし、正しいベルトでないものを締めている生徒もいた。

そうしたことはグループ内でのみ明らかで、ヒエラルキーを構成する際の判断材料になった。パニナロに関していえば、人気があったのはすべてのアイテムを正規ブランドで揃えていた裕福な生徒で、それ以上に人気があったのは、そのうえに何らかの新しいものを自分で考えてとり入れていた生徒だった。一方、何よりみじめだったのは、偽ブランドであるティンバーブレムの靴を履いていた生徒だった。

ヒトの先天的な言語能力

ヒトにとって、言葉がコミュニケーションの主要な手段であることに変わりはない。言葉は私たちがコミュニティの一員であることを感じさせてくれるが、言葉の役割はそれだけではない。言葉はグループに、一体感と調和を取り戻させることもできるのだ。たとえば、この原稿を書いている現在、イタリアはロックダウンの真っ最中だ。新型コロナウイルス（COVID−19）が猛威を振るい、私たちは家に閉じこもっている。あなたはテレビのニュースを見ただろうか？　だいたい次のようなフレーズが聞こえてくる。

「人類は、背後から襲いかかってくる卑劣な敵に立ち向かわなければなりません。この闘いにおける英雄は、自らの命を懸けて最前線で闘っている医師や看護師たちです。油断は禁物です。皆で団結し、勝利を」

この数行に、ヒトの社会性についてこれまで述べてきたことのすべてが集約されている。

非常事態の真っ只中にある現在、グループを構成するのは新石器時代の狩人《かりゅうど》たちでなく、敵を倒すために団結している世界中の人々だ。私たちを団結させている標的は、獲物でもなければ、サッカーチームのインテルでもなく、汚職でもなく、ウイルスだ。グループのなかには英雄や殉職者もいる。他人の命を救うために自らの命を犠牲にしている医師や看護師だ。あなたはテレビから流れてくる先ほどのフレーズが、大袈裟《おおげさ》なことに気づいただろう。こうした話し方は、特に戦時中に人々を刺激し、団結させる。比喩の多用が聞き手の思考を操るのは、私たちの思考を表現する手段である言葉に、私たちの思考を変える力があるからだ。

ここまで洗練された音声コミュニケーションを行い、なおかつそれを重視しているのは、私たちヒトだけだ。ヒトの言語と動物の発声のあいだには、越えられない高い壁がある。ヒトは口から発声することで、共通の計画を立てたり、ものを教えたり、他人の経験から学んだりすることができる。アメリカの言語学者であるノーム・チョムスキーは、言語機能がヒトの先天的な能力であること、そして、すべてのヒトに共通する普遍的で直感的な文法が存在することを初めて唱えた人物である。

チョムスキーがこの説にたどり着く最初の手がかりとなったのは、原始的な言語や、言語を使わない民族が実際にこの世に存在しないことだった。1930年、ミック・レーヒーは、ニューギニアの未開拓の山奥に、石器時代の生活を送っている100万の人々が住む高地があることを発見した。彼らは世界から4万年も切り離されていた。彼らが話していた言語には、ほかのすべての言語と同様の文法規則があった。

もちろん、世界には未熟な言語も存在する。たとえばピジン語は、複数の民族が商業的な理由から接触するときに作られる、粗削りな言語だ。ハワイのサトウキビ農園で、中国人、日本人、ポルトガル人、フィリピン人、韓国人、プエルトリコ人が働いていたときや、奴隷貿易でさまざまな文化を持つ異民族が集まったときに作られた。ある子どもたちのグループがピジン語を使うと、一世代のあいだに、「クレオール語」と呼ばれるより複雑な言語が形成され、そこからもう一世代のあいだにまったく新しい言語が生まれる。

イタリアとドイツの研究チームは、ヒトの言語の普遍性に関する調査を行い、文法がヒトにとって生得的なものであるというチョムスキーの説が正しいことを明らかにした。ヒトの脳の左前頭葉には「ブローカ野」と呼ばれる、言語をつかさどる領域がある。研究チームはMRIを使った実験で、この領域が実在する文法規則によって刺激された場合にのみ活性化することを明らかにした。そのもとになったのは、ヒトの言語にはいくつかの特定の規則が存在しないという発見だった。

たとえば、ニューギニアのフーリ語からノルウェー語に至るまで、世界中のどの言語にも、打消しの単語は文章全体のなかで定位置を持たない。つまり、私が「not」は常に文章の3番目の単語でなければならないと決めたとしたら、存在しない規則を発明したことになるのだ。研究チームは、実在する文法規則と、実在しない言語の文法規則を研究対象者に覚えさせる実験を行った。その後、対象者の脳をMRIで検査したところ、たとえ話せない外国の言語であっても、実在する文法規則は、言語をつかさどる脳の領域を活性化させるが、実在しない文法規則は、それとは別の領域を活性化させることがわかった。つまり、文法は生得的で普遍的なものであり、私たちのDNAに組み込まれているものなのだ。

ヒトと動物の絆

私たちが生まれながらに文法を知っているおかげで、脳は話し言葉の普遍的な規則を認識できる。その規則こそ、私たちを人間たらしめるものである。過去に私たちヒトが動物とコミュニケーションをとっていたのは、そうすることで恩恵を受けられたからだ。

ノドグロミツオシエは、アフリカのサバンナに生息するキツツキに似た小さな単独性の鳥だ。周囲の環境に適応できる賢さを持ち、カッコウのようによその巣に卵を産む。また、消化器官から分泌される酵素によって、あらゆるものを消化できるので、卵、昆虫、蜂蜜、蜜蠟《みつろう》に至るまで、見つけたものは何でも口にする。
遠い昔から、モザンビーク北部のサバンナに住むヤオ族は、野生のミツバチの蜜を入手するために、このノドグロミツオシエと一種の契約を結んできた。ヤオ族はノドグロミツオシエのおかげでハチの巣を見つけることができるし、逆にノドグロミツオシエはヤオ族のおかげで、蜜蠟、蜂蜜、幼虫を安全に食べることができるので、互いに利益を得ている。ヤオ族の男性はさえずりのように声を震わせ、うなり声をあげる。ヤオ族に代々伝わるこの声を聞いたノドグロミツオシエは、狩りのときが来たことを知る。ノドグロミツオシエはヤオ族を従えて、枝から枝へと飛び移り、ミツバチを見つけると円を描いて飛びまわり、特徴的な鳴き声をあげる。これは、人間と野生動物とのあいだでとられている唯一のコミュニケーション方法だろう。

私たちは家畜とコミュニケーションをとっている。雌牛、ヒツジ、ブタ、めんどりが家畜化され、私たちの食のために奴隷化されてきた一方、イヌとは有史以来ずっと協力し合い、互いに利益を得てきた。この共存関係は、ヒトがまだ耕作技術を知らず、草原や森を歩き回り、道中で見つけた植物を採集していた3、4万年前に生まれたものだ。イヌの祖先については多くの研究が行われ、今日ではさまざまな説がある。イヌはもともと1種類しかおらず、現在の犬種はすべて同じ祖先を持つという説もあれば、地域ごとにイヌが飼いならされた経緯は異なるため、ひとつの祖先にさかのぼることはできないとする説もある。それでもひとつだけ確かなのは、すべてがある物語から始まったということだ。

私が考え出した物語がこれだ！

群れを離れた若い野生のオオカミが、狩り場を探してさまよっていた。彼の最大の願いは、新しい群れを見つけて、そこになじむことだ。ある日のこと、オオカミは肉のにおいに誘われて、狩りをしているヒトのグループに近づいていった。怖くはあったが、同時に魅力も感じた。なぜならば、直立歩行をしているその奇妙な裸の生きものが、まさに自分と同じく狩りをする存在だったからだ。ある者は獲物を待ち伏せし、ある者は狙いどおりの方向に追い立てる。群れで獲物をしとめるのが恋しくなっていたオオカミは、何日もヒトを見つめつづけた。ある朝、オオカミはヒトに追われているシカと出くわした。オオカミは何も考えず、本能のままにシカの逃げ道をふさぎ、槍を持っているヒトのいる方向へ追い立てた。岩陰には、石を握りしめた少年が隠れていた。石の使い方を厳しく指導されていたが、大人と一緒に狩りに出るのは初めてで、まだ獲物をしとめたことがなかった。大人の言いつけどおりに身を潜めていたが、早く狩りに参加したくてうずうずしていた。獲物を狙う大人たちの叫び声が聞こえてきたので、少年は何が起こっているのかを見ようと、岩から身を乗り出した。少年は目を疑った。１匹のオオカミが、自分に向かってシカを追い立てているではないか！　夢を見ているのかと思って目をこらしたが、それは現実だった。

オオカミが自分を手伝っているのだ。

シカは岩陰から少年が堂々と現れるのを見ていなかったが、オオカミは見ていた。その瞬間、オオカミを駆り立てていた捕食本能は消え失《う》せた。もしオオカミがこれ以上前進していたら、彼自身が獲物になっていただろうから、幸運だった。逃げるのに必死なシカは後ろを振り返ったが、オオカミは立ち止まったままだ。その姿は、シカが槍に貫かれ、石に致命傷を与えられる前に目にした最後の光景になった。日が暮れると、狩りを終えた男たちは焚き火《たび》を囲んで祝宴を開いた。シカの肝臓と血は絶品だし、角で新しい槍が作れるし、毛皮で寒さをしのげるし、肉は女性や子どもたちの当面の食料となるので、最も好まれる獲物だ。オオカミは離れた場所から焚き火を見ていた。腹が減っていた。少年は周りの大人たちに何も言わずに、わずかに肉がついている骨をオオカミに投げてやった。その瞬間に生まれた友情は、今日も続いている。

私はこのような話をたくさん用意している。狩人がオオカミの子どもたちを見つけて村に連れて帰るバージョンもあるが、私が思いつく物語のラストはすべて同じだ。ヨーロッパホンヤドカリとイソギンチャクみたいに、永遠に一緒に働くのだ。しかしながら、ヒトとイヌの共生と、それ以外の種との共生は本質的に異なる。なぜならば、ヒトはまず最も従順なオオカミを優先的に選び、その次に自分たちに有利に働きそうな体格のオオカミを選ぶことで、歴史のある時点でオオカミをイヌに変えることができたからだ。

こんなことを考える人は少ないかもしれないが、自分に都合の悪い遺伝子を取り除き、有利になりそうな遺伝子を重視してきたヒトにとって、イヌは世界初の遺伝子組み換えによって生まれた存在といえるかもしれない。ヒトが何らかの形で遺伝子の選別をしたことによって、イヌは永遠にオオカミの子どものままでいることに成功し、女優のバッグから顔を出しているチワワ、時速70キロで走ることができるスパニッシュ・グレーハウンド、闘犬として開発されたイングリッシュ・ブルドッグ、我が家のカーペットの上で眠っている愛らしいロットワイラーなどに発展していった。

ヒトとイヌは何千年にもわたって協力しつづけてきた。ヒトはイヌの鼻と耳と力を利用してきたし、イヌはそれと引き換えに、群れと食料と安全を手に入れた。相利共生は一方が得をし、他方には利害がない片利共生に変わることもあれば、生活をともにしているうちに、一方が得をして他方が損をする寄生に変わることもある。

カーペットの上で呑気《のんき》にいびきを掻いている我が家の愛犬を見ていると、私との関係は彼女の狙いどおりのような気がしてくるが、ヴェラは起き上がって隣に座り、穏やかな目でこちらを見る。私はこの関係が相利共生でも、片利共生でも、寄生でもなく、愛であることを知る。

私たちがイヌと同じくらい好む動物に、イルカがいる。先日、私たちヒトとイルカが始めたばかりのコラボレーションについて書かれた記事を読んだばかりだ。ブラジル南部の海岸で、ハンドウイルカが漁師の手伝いをしているというのだ。漁師たちは海岸線に網を張って待ち、イルカは魚の群れを集めて、網に向かって追い立てる。

イルカは優秀で、美しく、知性があり、魅力と愛情にあふれている。しかし、あまり知られていないことだが、なかには薬物をやっているイルカもいるのだ。

第7章

暴力と逸脱

VIOLENZE E DEVIANZE

こんにちは。いつも番組を見ています。自然と動物について教えてくれてありがとう。動物は私たち人間よりも優れています。動物は善良で、愛することを知っています。彼らがほかの動物を殺すのは空腹のためであり、私たち人間のように楽しむためではありません。しとめられるべき唯一の動物は、二本足で歩く私たち人間です。

——エヴェリン・M　フェイスブックのメッセージより

母なる自然は、罪を犯している私たちに美と感動を常に与えてくれています。人間はそのような美に値しない存在です!

——ミリアム・F　フェイスブックのメッセージより

動物は素晴らしい。見返りを求めずに、愛を与えるのだから。

——ロザリア・B　フェイスブックのメッセージより

私は動物の善良さや純粋さを称賛する人たちから、たびたびメッセージを受け取る。私も彼らとまったく同感だ。しかしながら、動物が善良で純粋なのは、殺したり、暴行したり、誘拐したり、薬物をやったり、酔っぱらったりしないからではなく、物事の善悪に道徳的な判断を下せないからだ。

マガモのオスにとって、交尾させてくれないメスを取り押さえて強姦し、おそらく激しい交尾によって溺死させることは、ただの行為でしかない。良心、倫理、モラルを持つ私たちからすると、そうした行為は忌まわしい。特に交尾となると自然は極度に暴力的になるので、この章は楽しく読めるものではないだろう。私が悪いという形容詞を使わなかったのは、マガモ、イルカ、カワウソには悪意がないからであり、あるのは性欲や飢えといった刺激に対する反応だけだからだ。

薬物漬けのキツネザル

初めてマダガスカル島を訪れたとき、ミラノ生まれの友人のジュゼッペと一緒だった。私たちはミラノ大学で自然科学と環境科学を学ぶ学生を対象に研修旅行を企画し、島の北東部にある、手つかずのエデンの園のようなマソアラ国立公園に向かった。森のなかでいち早く遭遇した生きもののひとつは、ファイヤー・ミリピードだった。彼らは地面をゆっくりと移動しながら、腐った野菜やキノコを食べて一日を過ごしている。古代から生息するヤスデのファイヤー・ミリピードは体長が20センチあり、赤と黒という色がとても目立ち、実に美しい。派手な色をしているのは、自分が有毒であることを捕食者に示すためだ。

彼らが「火ヤスデ」と呼ばれているのは、危険を察知したときに放つ化学物質のなかに、アルカロイド、ベンゾキノン、フェノール、テルペノイド、シアン化水素、塩酸、シアン化物が含まれているからだ。アリの外骨格を燃やし、大きな捕食者をも追い払うことができる毒と腐食性物質から作られた、いわば素敵なカクテルだ。彼らの有毒性を知っていた私たちは、刺激を与えないように気をつけながら手で触れた。危険を感じさせてしまったら、手に恐ろしい物質が放出されていただろう。当時は知らなかったことだが、この危険なカクテルは、キツネザルが自らを薬漬けにするのに利用しているものだった。

あるとき、イタリアのテレビ番組『La macchina del tempo（タイムマシン）』で放送されていたBBC制作のドキュメンタリー映像を見ていた私は、そのなかのあるシーンに度肝を抜かれた。あらゆる種類のキツネザルが、ファイヤー・ミリピードを拾いあげては噛みついているのだ。このヤスデは乾いた状態で勢いよく噛みつかれると、すぐに有毒物質を放出する。キツネザルが大量の涎《よだれ》を垂らし、頭を揺さぶりはじめたので、すでに有毒物質が出ていることがわかった。やがて彼らは、頭や胸や背中や尾といったあらゆる場所にヤスデをこすりつけはじめた。有毒物質を全身にばら蒔いているのだ。だんだん動きが激しくなり、ヤスデを噛む回数が増えていく。噛むたびにキツネザルは首を振り、口から唾液を滴らせ、目を細め、うつろな表情を見せた。彼らがヤスデを噛んだのは、殺して食べるためでなく、幻覚物質を放出させて気持ちよくなったり、快感を得たりするためだ。

おそらくいちばん最初に薬物を使いはじめたキツネザルは、ヤスデを食べるために捕まえたが、よく噛んだことで快感を覚えたのだろう。ほかのキツネザルがそれを真似しはじめ、やがて他種にも薬物が広まっていったのではないかと思われる。彼らは体からダニを取り除くためにヤスデの有毒物質を使用しているのであって、エクスタシーはただの副産物に過ぎないとする説もあるが、私の意見はまったく逆だ。最初にヤスデを噛んだキツネザルは、体からダニを取り除こうとしたのではなく、空腹を満たすために手近なヤスデを食べたところ、快感を得て、その後も同じ快感を求めつづけたのではないだろうか。

フグをおもちゃにするイルカ

イルカについても同様の報告がある。ハンドウイルカは、世界各地の海に生息する沿岸性のイルカだ。イルカの社会構造はゾウに似ていて、血縁関係のあるメスたちが、群れを作って子どもとともに暮らしている。若いオスは母親の群れを離れて、数頭で集まる。いわば、あちこちでトラブルを起こす男友達のグループのようなものだ。最近、南アフリカの海岸沿いで、このようなイルカの群れのひとつがフグをからかっている様子が撮影された。映像では、複数のイルカがフグを口に咥え、水の外に放り出して尻尾で弾いたり、口から口へとパスしたりして遊んでいる。イルカはフグを殺しはしないが、からかっている。一方のフグは体を膨らませ、恐ろしい神経毒であるテトロドトキシンを水中に放出して反発している。シアン化物の1200倍の毒を持つ物質だ。

若いイルカがフグをおもちゃにするのは、思春期の少年たちがバイクの後輪だけで走りまわったり、橋の上から飛び降りたりして、死と隣り合わせのスリルを味わうのと同じだ。水で希釈したテトロドトキシンには麻酔作用がある。フグの周りに集まった若いイルカたちは、目が半分閉じた状態になっていて、明らかに意識が朦朧《もうろう》としている。これもキツネザルと同じで、お腹を空かせた若いハンドウイルカが、たまたまフグに噛みついたことから始まった可能性がある。

棘のある丸い体は呑み込みにくいが、食べようとしているうちに意識が朦朧としてきたイルカは、その感覚を気に入ってしまったのではないだろうか。そして、若いイルカたちは、気持ちよくなることを覚えたのかもしれない。

毒キノコを食べるヒグマ

ヒグマは、赤に白い斑点模様の入ったキノコである、ベニテングダケを探して食べる。この美しいキノコには、ムスカリン、イボテン酸、ムッシモール、ムスカゾンといった、アルコールに似た中毒症状を引き起こす物質が多く含まれている。西シベリアの人々は、巫術《ふじゅつ》の儀式で死後の世界と繋がったり、過去を読み解いたり、未来を占ったり、新しい世界を訪れたりする際に、この毒キノコを少量食べていた。また、バイキングの戦士たちはこのキノコを食べて、ムッシモールを摂取することで狂乱状態になってから、戦いの地に向かったといわれている。先住民は巫術の儀式の煎じ薬として、アルカロイドが豊富なつる植物であるバニステリオプシス・カーピを使っていた。

ヒグマが毒キノコを求めるのと同じように、ジャガーもこのつる植物を求めた。ジャガーはつる植物を見つけると、すぐに軽く体を当て、口で葉をつまんで味見をして、顎でこする。そして、幻覚を見ているかのように転げ回るのだ。

猛毒のオオヒキガエルを舐めるイヌ

オオヒキガエルは南米を原産地とする大型のヒキガエルだ。体の腺から、心臓を刺激するブフォタリンや、中枢神経系に作用する幻覚物質であるブフォテニンなどの猛毒を分泌する。1920年、コスタリカのサトウキビ農園で害虫駆除のために使用されるようになったため、「サトウキビのヒキガエル」と呼ばれるようになった。1935年には、サトウキビの根を腐らせる甲虫類の幼虫を駆除するために、オーストラリアに数百匹が輸入された。クイーンズランド州にはヒキガエルを繁殖させるための池が作られた。彼らは瞬く間に繁殖し、幼虫は無事に駆除された。その一方で、外来種である彼らは、攻撃性と繁殖性で劣る異種と餌をめぐって争ったうえに、接触したすべての捕食者を毒で死なせ、地元の生態系に甚大な被害をもたらした。

被害を被った生きものにイヌがいる。1935年以降、かなりの数のイヌがヒキガエルの毒によって死んだと推測されるが、近年、オーストラリアのイヌに見られる驚くべき行動が報告された。オオヒキガエルの恐ろしい毒を経験し、回復したはずの数匹のイヌが、ふたたびヒキガエルのもとに戻ったのだ。その数匹はヒキガエルを噛むのではなく、背中を優しく舐めて、毒の影響を受けすぎることなく楽しんでいた。クイーンズランド大学のジョナサン・コクランは、これらのイヌを「舐め依存症」と呼び、別の獣医師はイヌが薬物依存症になる可能性があることを飼い主たちに呼びかけた。

なぜ有毒な薬物を摂取するのか？

とにかく本題に入ろう。なぜ私たち動物は、体に有害な薬物を摂取してしまうのだろう?

理解しがたいのは、脳がなぜ悪い物質をいい物質と認識してしまうのかということだ。悪い物質は脳に強い満足感や快感を覚えさせるため、依存症になってしまうことがある。

脳が喜ぶとドーパミンなどが分泌され、気分がよくなる。ドーパミンは、油っこいものや甘いものを食べたり、好きな人とキスをしたり、オーガズムを感じたり、スポーツをしたときに分泌される。公園で毎朝ランニングをする人は、走ることが肉体にいい影響を及ぼすことに加え、走ることで得られる肉体的、精神的な快感を求めてランニングを続ける。キスをしたり愛し合ったりすることも、気持ちのいい行為だ。甘いものを食べすぎると健康に悪いのは事実だが、脳は私たちがもはや原始人でないこと、つまりはわざわざ森のなかで脂肪分や糖分を探さなくても、スーパーマーケットで簡単に入手できることを知らないので、私たちは今も本能的にそれらを求めてしまう。いずれの場合も、幸福感をもたらす神経伝達物質が脳から出るのは、私たちが体に何らかのいいことをしているからだ。

キノコ、つる植物、フグ、ヒキガエルは毒を合成することで、捕食者から身を守っている。非常に毒性の強い物質のなかには、希釈することで麻酔効果や幻覚を誘発するものがある。脳は感覚を麻痺させたり、幻覚によってトリップ状態にさせたりするのが好きなようだ。私にはキツネザルがヤスデを噛んでいるときに何を感じているのか見当もつかないので、彼らの様子を観察するしかない。キツネザルにとって、現実との接触を失うことに進化的な利点はまったくない。問題は、マダガスカル島に生息するフォッサに代表される捕食者から狙われる可能性があるなかで、なぜキツネザルがあのような行動をとりつづけるのかということだ。それでも、薬漬けになったキツネザルがすべてフォッサに食べられてしまうかというと、そうではない。なかには食べられてしまったものもいるかもしれないが、キツネザル全体に壊滅的な不利益がなかったからこそ、彼らは薬物を使いつづけるのだ。

この解釈は、キツネザルにも、オオヒキガエルを舐めるイヌにも、毒キノコを食べるヒグマにも、南米の森の有毒なつる植物に軽く体当たりするジャガーにもあてはまる。実際、キツネザルの場合、この驚異のヤスデを使うことに利点もある。体毛に散らばった毒によってダニやノミが死ぬうえに、マラリアを媒介する蚊も遠ざけてくれるのだ。

イルカとヒトについては、社会性や思春期の愚かさといった別の要因も関係してくるので、これらの動物と同じようには語れない。モルヒネを大量に投与された患者が、退院時に薬物依存にならなかったことについてとり上げた記事があった。中毒になるか否かは、薬が服用される状況に関係しているという。患者はたしかににモルヒネがもたらす穏やかな快楽と鎮痛効果を味わってはいたが、病院に入院し、ひどい痛みに苦しんでいたのであって、もちろん友人のパーティーに参加していたわけではない。薬を服用する状況はヒトにとって明らかに重要であり、おそらくイルカにとってもそれは同じだ。

少し話を戻して、イヌに舐められた猛毒のオオヒキガエルについて述べてみたい。オーストラリアにオオヒキガエルが持ち込まれたとき、10代の少年がそれを舐めて、幻覚の効果を覚えたといわれている。少年がニワトリほどの大きさの触れてはいけないヒキガエルを捕まえて舐めたと思うと、私は内心穏やかではいられない。前の章で述べたとおり、10代の少年が愚かで危険なことをするのは、彼らがいわば人生の実験をしているからであり、グループ内での自分の役割を探しているからだ。私はどうしても、1940年代のオーストラリアに住んでいたニキビだらけの顔をした裸足《はだし》の少年と、その仲間の姿を想像してしまう。

「おい、このカエルを舐めてみろよ。根性があるかどうか試そうぜ」

言われた少年がカエルを舐める。

「すげえ！　本当に舐めやがった！」

舐めるだけで快感を得られるという噂は少年たちの好奇心を煽《あお》り、ヒキガエル狩りが始まった。彼らはヒキガエルを茹でたり、乾燥させたり、タバコにしたり、においを嗅いだりした。ひとりの若者が心臓発作を起こし、当局が危険なゲームの禁止に乗りだすまで、この行為は続いた。

初めてタバコを吸ったときのことを覚えている。当時14歳だった私は、仲間と昼過ぎから日焼けや水泳を楽しむことになり、チェルヌスコ・スル・ナヴィーリオのプールを目指して歩いていた。仲間内でタバコを吸ったことがないのは私だけだったが、タバコには強い興味があった。

「1本どうだ?」

「いや、いらないよ」

「吸ってみろって」

初めて経験したあの衝撃は忘れられない。肺が焼けつくように熱くなり、頭がぐらぐらして、吐き気が込み上げた。あの時の私はタバコを吸うことで、皆に「自分は強い」「吐くことなんか怖くない」「最高にイケてる」、そして何よりも「これで自分もグループの一員だ」と伝えていたのだ。

「もう1本吸うか?」

「うん!」

ジャレド・ダイアモンドは、著書『人間はどこまでチンパンジーか? 人類進化の栄光と翳り』のなかで、ヒトは青年期からおとなになり始めのころにかけて、自らの強さを証明するために、危険な物質を試しはじめると述べている。喫煙、アルコール、薬物の使用を、アモツ・ザハヴィの理論におけるクジャクの飾り羽、つまりハンディキャップと同じものとして解釈しているのだ。つまり、どれだけ重い飾り羽を引きずっていても、毒物を摂取しても、生きつづけることができ、魅力的でいられるなら、女性をはじめとする自分以外の存在に優れた遺伝的資質を示していることになる。

ダイアモンドは著書のなかで、アンディというインドネシア人の若い生物学者と一緒に働き、治安の悪い地域でしばらく生活したと語っている。ダイアモンドがアンディに不安を吐露すると、自分はカンフーの達人だから大丈夫だという答えが返ってきた。そして、彼は自分の強さを証明するために、石油の入ったカップを手に取って飲んだ。カンフーで毒に犯されない力を得たから問題ないはずだというのだ。まるで、映画『カンフーパンダ』のポーではないか！　笑ってしまうような話だが、この章を書きながら、くだらないことばかりしていた若いころの記憶がよみがえってきた。たとえば、友達とボンファディーニ通りのパン屋でフォカッチャを買って、具の代わりにオイルペーパーを挟んで食べたことがある。そこまでしてでも、私たちは何かを証明しなければならなかったのだ……。

「うまいぞ！　お前も食うか？」

少年だった私たちは、カンフーの達人のように、自分を強くて勇敢だと思っていた。

お酒をたしなむ動物たち

多くの場合、ヒトは先ほど述べた理由から、思春期を迎えるとアルコールを試すようになる。ヒトが初めてアルコールを飲んだのは先史時代で、たまたま熟して発酵した果物を食べたのが始まりだった。発酵中に善玉菌が果実の糖分を分解し、エチルアルコールと二酸化炭素に変化したのだ。ヒトにとって、果実はもともとなじみのある食材だったので、発酵したものを試すのに抵抗はなかった。熟した果物を好むすべての動物は、あの心地よい酩酊《めいてい》状態を経験している。このテーマについての記事は非常に多いが、特に科学雑誌ではなく新聞に掲載されている酒に酔った動物の行動が真実なのか、でっち上げなのか、あるいは誤まった解釈なのかははっきりしていない。

酒に酔った動物たちの様子は実に面白い。SNSでは、ベリーを食べて酔っぱらっている鳥や、酔いざましのために警官によって檻に閉じ込められた鳥、足元のおぼつかないリス、キャンプ場でビールの缶を盗む野生のアナグマやブタなどの動画を見ることができる。ビールやワインや蒸留酒は、栄養価の高い食べ物に特有の香りと味わいを持つため、動物に好まれる。

インターネットで検索すると、スウェーデンのヘラジカが熟したリンゴを食べて酔ったという話が数えきれないほど出てくる。BBCは「イェーテボリ近郊のリンゴの木の上で酔っぱらったヘラジカが発見される」という見出しで、リンゴの木の上で身動きがとれなくなった若いヘラジカを救出しようとしている消防士たちの写真を掲載している。記事には、ヘラジカがその翌朝に二日酔いの状態で逃げてしまったことが詳しく書かれている。

ヘラジカにアルコールの血中濃度検査をしなかったので、本当に酔っていたかどうかはわからない。もしかしたら、高いところのリンゴを取りたかっただけなのかもしれない。秋になると、ヘラジカが熟したリンゴを求めて家に近づくのは確かだし、その時季になると、動物たちがより大胆に、より攻撃的になるのも同じくらい確かだ。それでも、この興味深い囲み記事を読んだ多くの生物学者たちは首をかしげている。体重700キロの動物を酔わせるには、非常に多くの発酵したリンゴが必要なはずではないか？

マルーラの実で酔っ払うゾウ

ずいぶん前のことだが、最後にアフリカを訪れた際にナミビアに滞在した。北に向かう途中、ダマラランドのキャンプ場に立ち寄った。経営していたのは料理人のマルタと、雑用を担当するグリエルモだ。マルタは肉付きがよくて有能だが、一方のグリエルモはマッチ棒のように細く、歯がなく、午後になると木陰に隠れて寝てしまうので、それを見つけたマルタは木のスプーンを手にして追い立てるのだった。夕食が終わりに近づくと、グリエルモは高らかに歌いはじめる。

「アマルーラ……アマルーラ……アマルーラ……ウラ……ウラ」

4サイズは大きいであろうズボンがずり落ちないように、ウエストの部分を無理矢理締めつけ、あまった裾を何度も折り返している、ほろ酔いのグリエルモの姿を想像してみてほしい。

「アマルーラ……アマルーラ……アマルーラ……ウラ……ウラ」

彼はとても愉快な男で、夕食を終えた人を誘って、場を盛り上げようとする。アフリカに行ったことのある人なら、アマルーラとこの歌を知っている。アマルーラは安価なアルコールで、甘くてクリーミーだ。私と世界中を旅しているドキュメンタリー映像監督のフェデリコが好んで飲むアイリッシュクリームに似ている。アマルーラはマンゴーと同じウルシ科の植物であるマルーラの木の実から作られている。グリエルモは歌い終えると、アマルーラがたっぷり注がれたグラスを手に、ゾウをはじめとする動物たちの話をしてくれた。

ゾウが強い日差しを受けて発酵したマルーラの果実を食べて酔っぱらう話は、アフリカで古くから語りつがれている。初めて公式に記録を残したのは、イギリス人旅行者たちだ。1839年、彼らはズールー人からゾウが発酵した果実で「意図的に気持ちを高揚させていた」という話を聞いたと記録している。

私は酔っぱらったゾウの話が好きだが、２００５年に雑誌『*Physiological and Biochemical Zoology*（生理学的・生化学的動物学）』にある説が掲載されてからは、ゾウがマルーラで酔うという話に疑問を抱くようになった。

ブリストル大学のスティーブ・モリスは、一連の観察と仮説をまとめ、ゾウが酒に酔うという説に異議を唱えている。モリスによれば、ゾウが発酵した果実を食べることはない。ゾウは木の枝から果実を直接摘み取るし、木を揺すって果実を落としたとしても、発酵する前に食べてしまうからだ。胃のなかで発酵するのではないかという意見に対しては、食べ物がゾウの消化器官を通過するのはわずか数時間に過ぎないので、その間に発酵はしないだろうと述べている。酸素がなく、多くの細菌が繁殖し、甘い果実の繊維でいっぱいの胃で発酵が起こっても理論上はおかしくないが、モリスによると、ゾウを酔わせるには少なくとも2リットルの純粋なエチルアルコールが必要だという。つまり、ゾウがめまいなどを感じるには、１４００個以上の発酵した果実を数分のうちに食べ切る必要があるのだ。

この分野では現実とフィクションが混在しがちなのかもしれないが、モリスはゾウが酔うアルコール量をヒトと同じ割合で計算したので、誤っている可能性もあるのではないか。すべての哺乳類は、アルコールの代謝に使われる酵素を作り出すＡＤＨ7という遺伝子を持っている。ヒトだけでなく、ゴリラ、チンパンジー、フルーツコウモリなどのＡＤＨ7には突然変異が起こったため、それらの動物のアルコール代謝量は、他種の40倍以上だという。ヘラジカやゾウの遺伝子も同じように突然変異をしたかどうかは明らかになっていない。つまり、体重80キロのヒトを酔わせるアルコール量は、体重4００キロ以上のゾウ、もしくはそれよりもはるかに軽いヘラジカをノックアウトさせる可能性があるということだ。

そうだとすれば、熟した果物を好む動物のなかには、酔っぱらってしまうものもいる。しかし、たとえゾウがアフリカやインドの村の食料庫を襲ってビールやワインを漁《あさ》ることがあるとしても、ゾウやヘラジカはアルコールを求めているのではなく、単に熟したおいしい果実を求めて、マルーラやリンゴを食べているのではないか。酔っぱらったり、薬物を使ったりする動物は見ていて愉快だが、彼らの交尾の話は別だ。

凶悪なアデリーペンギン

ジェーン・グドールは駆けだしの霊長類学者だったころ、おとぎ話のような自然観を持っていて、チンパンジーを森に住む平和な妖精だと思っていたという。その後、チンパンジーを研究しはじめた彼女は、彼らがヒトと大きく異なることに気づいた。たしかにチンパンジーは優しくて感じがよく、ディズニー映画のキャラクターのような側面を持つが、その一方で暴力的で、争いを起こしたり、殺したり、ほかの群れの子どもを食べたり、武器を使ったりする。メスに至っては、狩りをするオスから肉をもらうために身を売ることさえあるのだ。グドールが考えていたおとぎ話のなかの妖精は、一瞬にしてロマンティックでも何でもない、科学的な研究対象となった。

動物の奇妙な性行動が歴史上初めて記録されたのは、20世紀初頭までさかのぼる。記録したのは、ジョージ・マレー・レヴィック医師だ。大英帝国の威信をかけて南極到達を目指していた、ロバート・ファルコン・スコットが率いる有名なテラノバ遠征隊に参加していたときのことだった。

レヴィック医師は、1911年から翌年にかけての夏の時期に、ロス海と南極海を隔てるアデア岬に立ち寄った。そこには、現在もアデリーペンギンの世界最大のコロニーがある。映画『ハッピーフィート』を覚えているだろうか？　歌は苦手だがダンスの才能に恵まれたコウテイペンギン、マンブルの物語だ。コロニーから離れたマンブルは、ラモンをリーダーとする小型のペンギンたち「アミーゴス」と出会う。目の周りが白く、スペイン語なまりでしゃべっていた彼らこそ、アデリーペンギンだ。

1911年の夏、レヴィック医師は日々の記録を始めた。ノートを片手に、ペンギンの行動を観察しつづけた。ある日、若いオスのペンギンが死んだメスと交尾をしようとしているのを見て愕然《がくぜん》とした。レヴィック医師は、下着姿でも吹雪に耐えるような典型的な英国紳士だったので、そのような恐ろしい倒錯行為を目にしたことがなかった。残念なことに、彼は数カ月にわたって、それ以上のよからぬ行為を目撃しつづけることになる。オス同士の交尾、オスと死んだメスとの交尾、子どもに対する性的暴行——。レヴィック医師は、目撃した恐ろしい光景を教養のある紳士にしか知られないように、ギリシア語で記録した。

イギリスに帰国後、「*Natural History of the Adelie Penguin*（アデリーペンギンの博物学）」と題した論文を発表したが、性的逸脱の箇所は省いた。その部分を限られた人にしか知られないように、「*Sexual Habits of the Adelie Penguin*（アデリーペンギンの性癖）」と題した秘密の小冊子にまとめた。2012年にロンドン自然史博物館の引き出しからその1冊が偶然発見されるまで、その存在を知る者は誰ひとりとしていなかった。

古い小冊子を発見した鳥類学者のダグラス・ラッセルによると、レヴィック医師の観察は正確で妥当なものであったが、性行為の頻度や、パートナーを見つけられない若いオスによる、自らに快感を与える異常な行動といった扱いにくい事柄が書かれていたため、当時の科学から拒絶されてしまったという。アデリーペンギンの若いオスは、死姦、同性愛、強姦、子どもへの虐待を行っていた。レヴィック医師の記録によると、パートナーを見つけられないオスたちは、罪を犯すにあたって小さなグループを形成していたという。それでも、「罪」という言葉は使わないでおきたい。本章の冒頭で述べたように、ペンギンを含むすべての動物が善良で純粋なのは、ヒトと違って物事の善悪を道徳的に判断できないからだ。

レヴィック医師が不良ども《フーリガン》と呼んだオスたちは、経験が浅く、未熟で、テストステロンが多く分泌された若い個体であることが判明している。10月に発情期を迎えると、ペンギンのつがいは性行為にふけるようになるが、抑えきれない欲望に駆られたこれらの若者たちは、欲望をどう処理したらいいのかわからない。彼らが死姦をするのは、目が半開きになった死んだペンギンが、従順なメスによく似ているからだと考えれば合点がいく。私たちヒトはその振る舞いを悪行だと思うが、彼らには悪意も罪悪感もない。そこには、強い性的欲求に対する、不器用で未熟で乱暴な反応があるだけだ。

ジャイアントパンダの性欲を刺激する方法

私たち動物が、性行為に取りつかれてしまうことがあるのはなぜだろう？ 性的欲求は、テストステロン、ドーパミン、過去のオーガズムの記憶が支配する、複雑な神経内分泌メカニズムによってもたらされる。ヒトの場合、オーガズムの瞬間には、脳の30の領域がオンになっている。感覚皮質、大脳辺縁系、小脳、前頭葉、視床下部が活性化するのだ。それによって、オーガズムは純粋なエクスタシーの瞬間となる。互いに求め合い、求愛し、繁殖し、ポルノ映像を見るように駆り立てるのはエクスタシーなのだ。

ジャイアントパンダは、その美しさと希少性から、保護動物の象徴的存在とされている。彼らが地球上でも指折りの珍しい動物となったのは、生息地がヒトに侵略され、破壊されてしまったことに関係しているが、原因は彼ら自身にもある。進化の歴史のある時点で、ジャイアントパンダは雑食から草食になったが、どんな植物でも食べるわけでなく、笹の新芽しか食べないのだ。草食動物特有の消化管を持たない彼らは、たくさんの量を食べなければ体力を維持できず、笹が不足すると餓死してしまう。1日に必要な笹の量は38キロで、これは体重のほぼ50%に相当する。

また、パンダの出生率は非常に低い。トレンティーノ＝アルト・アディジェ州やアブルッツォ州に生息するクマは、一度に4頭の子どもを育てることができるが、ジャイアントパンダはそうではない。メスが育てられるのは1頭だけなので、間違って2頭生まれてしまった場合、もう1頭は捨てられてしまう。また、よく知られていることだが、彼らの性欲は弱く、雄雌ともに性的に淡泊だ。異性を追いかけたり、求愛したり、交尾したいという欲求がない……。彼らにとって、そんなことはエネルギーの無駄なのだ！　しかもオスのペニスは小さく、メスの膣は深いので、交尾をしても精子が正しい場所になかなかたどり着かない。そして飼育下では性欲はゼロになる。

世界最大のジャイアントパンダ保護センターである成都《せいと》ジャイアントパンダ繁殖研究基地の研究者たちは、パンダの性欲を刺激する方法を見出せず、頭を抱えていた。失敗続きの日々に転機が訪れたときは、まさにこんな感じだったのではないか。ある日、ひとりの研究者がこう言った。

〝是，也許可以〟
「そうか。これならいけるかもしれない」

彼は同僚のところに行って、あるアイデアを説明した。しんと静まり返る会議室。全員がとまどった顔で彼を見つめている。保護センターを設立した獣医であるチェンにいたっては、話を聞いてもいないようだ。考え込んだ表情で窓の外を見ている。重い沈黙が続くなか、ついにチェンが振り返り、彼を見てこう言った。

〝來吧，讓我們嘗試！　我們沒有什麼可失去的〟
「よし、やってみよう！　失うものは何もない」

〝帶我一台投影儀和一部色情電影！〟

「映写機とポルノ映像を持ってきてくれ！」

研究者たちはスクリーンと映写機の準備を整え、メンメンとシュアィがいる大きな檻のなかに映像を映し出した。2頭のパンダが素晴らしい交尾をしている、パンダのポルノ映画だ。134本目の笹をかじっていたメスのメンメンが顔を上げる。いつものようにひっくり返って眠っていたオスのシュアィが急に元気を取り戻し、メンメンに近づいてにおいを嗅ぎはじめる。シュアィは動くメンメンを摑んだ。彼女が振り返り、2頭は取っ組み合いを始め、そして、ついに奇跡が……!!!

この話はもちろん私の創作だが、実際にこんな感じだったのかもしれない。ある日、成都ジャイアントパンダ繁殖研究基地の研究者たちが、飼育しているパンダに交尾の映像を見せたところ、パンダの性欲が高まったのだ。

ポルノ映像を好むアカゲザル

ポルノ映像が好きなのはサルも同じだ。2005年、デューク大学の研究者たちは、サルの群れにとって「情報」にどのような価値があるかを調べることにした。たとえば、サルのジーノは、同じ群れのアントニオの安否に興味があるだろうか？　多少の犠牲を払ってでも、メスのジュリアが発情しているかどうかを知りたいと思うのだろうか？

これらのことを調べるにあたって、研究者チームはある実験を行った。まず、アカゲザルのジーノのそばにジュースを置く。そしてスクリーンを用意して、小さな映像を見せる。映し出されているのは、彼が知っているメスの顔と、肛門周辺がはっきりと赤くなっている発情期のメスの尻だ。ジーノは小さな画像を見つめることで、研究者に画像を拡大してほしいと頼むことができる。しかし、拡大してもらうと、甘くておいしいジュースを減らされてしまう。ジーノは群れの上位のメスの顔、なかでも官能的な尻を見るために、ジュースのすべてを犠牲にした。しかし、下位のメスを見るにあたっては、ジュースがもらえなくなることを惜しんだ。群れの女王、つまりボスのパートナーはジーノのひそやかな夢であり、彼女のヌードを少しでも見つめるためだったら、喉の渇きも我慢した。

体で取引するチンパンジー

ポルノだけでなく、「売春」についても述べておこう。チンパンジーは、果物や種子や葉だけでなく、肉も食べる。肉は、オスがほかのサルや小型のレイヨウを狩りに行って手に入れる、貴重な食料だ。狩りをするのはオスだが、多くの場合、狩りに参加していないメスと獲物を分け合うことがわかっている。

研究者のクリスティーナ・ゴメスとクリストフ・ボッシュは、コートジボワールのタイ国立公園で、メスのチンパンジーが肉を分けてくれるオスと進んで交尾をすることを確認した。オスは貴重な食べ物をメスに提供することで、交尾の回数や快感を倍増させることができる。さらには自分の進化の成功率を高めることで、父親になる確率も上がる。まさにいいことづくめだ！　興味深いのは、オスが魅力的な尻をした発情期のメスだけでなく、発情期ではないメスにも支払いをするという点である。そうすることでオスはメスと仲を深めて、いつの日か利用できるようにしておく。メスにとっても、危険な目に遭わずに貴重な食料を手に入れることができるので、この取引は魅力的なのだ。

メスを拉致するハンドウイルカ

性的暴行はヒトに限ったものでなく、あらゆる種に見られる。たとえば、イルカは天使のような生きものだと思われているが、そんなことはまったくない。あるとき、私は次のような質問を受けた。「オスのイルカが、乱交パーティー《ギャングバング》でメスをレイプするって本当ですか？」。イルカのオスが群れを作り、1頭のメスをレイプするのは本当かと尋ねる際に、ポルノ映画でよく使われるスラングを使ってきたので、私はうんざりした。イルカは知的で、コミュニケーション能力が高いことで知られている。超音波を発して対象物の特徴をとらえることができ、遊び好きで人懐っこい。質問をしてきた人はすでに答えを知っていたのに、私にわざわざ本当だと答えさせたかったのだ。

西オーストラリア州の地図を見ると、パースから800キロほど離れた左上に、象嵌《ぞうがん》細工のようなものがある。サメの生息地として知られる広大なシャーク湾だ。数年前、私はこの湾に集まるイタチザメ、カメ、ジュゴンを撮影したことがあるが、この地で最も有名な動物はイルカだ。

モンキー・マイア・ドルフィン・リゾートのあるビーチには、毎朝、観光客からおいしい魚をもらうためにハンドウイルカがやってくる。1960年、漁から戻った漁師たちがイルカに餌を与えるようになって以来、イルカがビーチまでやってくるようになったのだ。120頭の標本群は、リチャード・コナーを中心とする研究者たちに、個々のイルカを見分けながら研究するというユニークな機会を与えている。

研究によって、イルカの生活に関する新たな発見が得られたと同時に、彼らの暗い側面もあらわになった。通常、オスはメスをめぐって競い合うが、ハンドウイルカのオスは競い合う代わりに同盟を結ぶ。5、6頭のオスからなる群れが、孤立させたメスに暴力をふるって交尾を強要するのだ。1頭がメスをブロックし、別の1頭が尾やくちばしで殴りつけると、衰弱して怯えたメスは暴力に屈して、すべてのオスを受け入れるようになる。オスが結ぶ同盟には3つのタイプがあることが報告されている。ひとつ目の最も単純なものは、2、3頭のオスがメスをブロックしてレイプするだけのために同盟を結び、目的を遂げたあとに解散するもの。ふたつ目は、同盟を結んだ暴力的なオスの群れがより安定しているもの。オスたちは常に一緒に過ごし、メスをめぐってほかの群れと競い合う。この場合、ライバルの群れとのあいだに激しい戦いが繰り広げられ、ときには20頭が集まることがある。3つ目は、ライバルの群れ同士で競い合う代わりに、協力するものだ。14頭のオスが1頭のメスを取り囲み、乱暴するケースも報告されている。

しかしながら、メスもされるがままではない。たいていは逃げ出すことができるが、集団で交尾を強要された場合、望まない妊娠から身を守るための秘密兵器を持っている。複雑な構造の総排出腔を持つことで、交尾を強要してくる暴力的なオスを拒絶するコバシオタテガモの話を覚えているだろうか？　ハンドウイルカのメスも同じだ。複雑なひだを持つ膣が、望まぬペニスの侵入を防いでいる。つまり、交尾の可否や、悪党の群れの誰がペニスを挿入して、生まれてくる子どもの父親になるかを決めているのは、メスたちなのだ。

交尾ができない若いイルカの群れは、きわめて暴力的な方法で、別の種にフラストレーションをぶつけることがある。マレー湾は、スコットランド北東部に位置する北海のフィヨルドだ。この海域には約２００頭のハンドウイルカが生息しており、１９８９年からアバディーン大学の研究チームによって調査が進められてきた。特にイルカが集まるのは、

メスを拉致する
ハンドウイルカのオスの群れ

海から川にやってきたサケを捕まえるのに適した狭い場所である、シャノンリーポイント周辺だ。イルカは海岸線のほんの近くまで近づいてきて、いろいろな姿を見せてくれるので、観光客にも人気がある。

数年前、オスの群れが同じ海域に生息する小型のネズミイルカ属を殺していることが確認された。ネコがネズミと遊ぶように、群れはネズミイルカ属を追いかけて怪我をさせ、相手が死ぬまでそれを続けたあと、死体をそこに放置した。動機はよくわかっていないが、単に遊びでやっているという説もあれば、交尾ができないことに対するフラストレーションの爆発だという説もある。

欲求不満のマガモの暴力

フラストレーションが溜まっているオスの行動は、極端に暴力的になることがあり、それは「なぜ」を求めている生物学者の頭をも悩ませる。

1995年6月、オランダの生物学者であるキース・ムーリカーは、ロッテルダム自然史博物館にいた。館長である彼は自分の好みで室内を整えていて、デスクの前にある大きな窓からは、公園に茂る木々や、アヒルが水しぶきを上げている池を見下ろすことができた。ムーリカーは読んでいた本から目を上げて、世界のすべてを濡らしつづけている雨を見つめた。そのとき、何かが彼の目を引いた。自分に向かって飛んでくるマガモだった。光の加減によって色が変わる、緑色の頭部をした美しいオスだ。マガモは方向を変えることなく、ぐんぐんと近づいてくる。ムーリカーは背筋が冷たくなるのを感じたが、マガモが方向を変えると確信していた。目が見えていないわけではないのだ。しかし、マガモは閉めきった窓に向かって飛んでくる。そのとき、マガモが何者かに追いかけられていることに気づいた。

なるほど……。別のオスに追いかけられているんだ。

一緒に遊んでいるのかもしれない。

旋回しはじめた……。

まだ旋回している……。

ムーリカーが思わず目を閉じた直後、大きな音が響き渡った。マガモが博物館の窓に勢いよくぶつかったのだ。追いかけていたもう1羽のマガモは、窓の手前でなんとかスピードを緩め、芝生に降りていった。ムーリカーが窓を開けて確認すると、芝生の上に2羽の姿があった。1羽はすでに息絶え、もう1羽は「相棒、起きろよ。遊ぼうぜ」と言うかのように、死んだオスをくちばしでつついている。

でも、何か変じゃないか？

ムーリカーは目を疑った。その相棒は死んだオスと交尾を始め、しかもその行為は75分間も続いたからだ。ホモセクシャルによる、非常に自然な75分間の死姦。この正確な記録が評価され、ムーリカーは2003年にイグ・ノーベル賞を受賞した。この賞は毎年、ユニークで面白く、ばかばかしい研究をした研究者や作家10人に授与されるものだ。賞の目的は、科学、医学、技術の分野で、大衆の関心を掻き立てた研究を支援することだが、このマガモの行動については進化の観点から説明するのが実に難しいため、彼に賞を与えた専門家たちの関心すらも掻き立てたに違いない。ところで、なぜオスのマガモは別のオスを殺してレイプしたのだろう？

発情期にはテストステロンが性的欲求を引き起こすが、それを満たすことができない場合に、極端な振る舞いが起こることがある。

逸脱行為について調べてみたところ、プレトリア大学哺乳類研究所の研究者が亜南極のマリオン島で撮影した映像を見つけた。大型のナンキョクオットセイのオスが、オウサマペンギンを強く押さえつけているのだ。胸びれで圧迫して、体の上に乗っている。レイプは数分間続き、最終的には相手を殺して食べてしまった。研究者によると、この種の行為が最初に記録されたのは2006年で、それ以降は2014年に3件が報告されているという。4件のうちの3件ではペンギンは解放されたが、残りの1件では食べられてしまった。

子どもを誘拐するラッコ

世界でいちばんかわいい鼻を持つ動物は、ラッコではないだろうか。まるでディズニー映画から出てきたかのようなかわいらしさだ。ぽっちゃりとした鼻口部、黒いトリュフみたいな鼻、小さな丸い目。水の上で仰向《あおむ》けに浮かび、お腹が空いたら水に潜って貝を取り、おいしい軟体動物を食べて、ふたたび眠りに就く。水の流れが激しいときは、寝ているあいだに迷子にならないように手を繋ぎ合う。とても優しいのだ。

見た目こそ穏やかなラッコだが、オスは子どもを誘拐し、メスに身代金を要求することがある。食べ物が不足しているとき、あるいは海中に狩りに行く気が起こらないとき、オスは子連れのメスを探す。母親に近づいて、子どもを誘拐すると、子どもは必死に叫び声をあげ始める。母親は子どもを取り戻すために、暴力的なオスに代わって狩りに行かなければならない。身代金を支払って初めて、子どもを抱きしめることができるのだ。

オスは誘拐だけでなくレイプまで行い、メスに望まない交尾を強要することもある。このような観察結果は初期の研究者たちを驚かせたが、20年ほど前にカリフォルニア州のモントレー湾で行われた観察の結果は、それほどでもなかった。2000年から2002年にかけて、オスのラッコがゼニガタアザラシの子どもを誘拐し、レイプする様子が観察された。19件もの事例が報告されている。回収された15頭の死体を解剖したところ、死因は外傷と溺水だった。こうしたことが起こる原因について、ラッコのメスが少ないのに対し、オスが非常に多いためだとする説がある。つまり、パートナーを見つけることができないオスが、体の小さなアザラシをメスの代わりにしているということだ。また、アデリーペンギンの場合と同じく、オスのテストステロンの分泌量が多く、未熟で若いことが原因だとする説もある。

ヒトの罪の意識

私たちヒトは、暴力と逸脱行為のプロだ。大量虐殺、戦争、拷問、暴力。身近なものを挙げるなら……子どもの虐待。あらゆることをし尽くしている。しかし、ほかの動物とは異なり、相手に痛みや苦しみを与えるたびに、罪の意識を抱く。良心と倫理を持つ私たちは、物事の善悪を理解している。暴力的な手段で性的衝動を満たすのも、子どもを虐待するのも、違法な薬物を摂取するのも悪いことだとわかっている。ヒトの文明には、数千年前から規則を定める法律や宗教が存在していたが、法典や戒律ができる前、つまりは自然に従う単純な狩猟民族だったころにも倫理やモラルはあった。

私がそう確信しているのは、そのころのヒトも現在と同じように、仲間の気持ちを察知できていたからだ。共感性を持つ私たちは、他人の立場で物事を考えることができる。

「ミラーニューロン」と呼ばれる特定の神経細胞が、共感能力をつかさどっているからだ。

すべては視覚から始まる。誰かがあくびをすると、私たちもあくびをする。あなたにも経験があるだろうか？　私にはよくあることで、写真を見るだけで十分だ。口がゆっくりと開いて歪《ゆが》み、肺に空気が満ち、目が閉じ、腕が伸びるのを見ていると、同じことをしたくなる……。そして、あくびが出るのだ。赤ちゃんは私たちの笑顔を見ると、面白いことを経験していなくても微笑《ほほえ》む。また、強烈なにおいに顔をしかめている人を見ると、たとえ何のにおいも漂っていなくても、その人が何を感じているのかすぐにわかる。

視覚が相手の気持ちを私たちに伝えてくれるのは、相手の行動や表情が複数の神経細胞を刺激するからだ。それらの神経細胞は、1992年にジャコモ・リッツォラッティを中心とするイタリアの研究チームによって発見された。

跳んだり、走ったり、摑んだりといった、動くための神経細胞である運動ニューロンの働きを解明しようとしていた彼らは、サルを使った実験でさらに多くのことを発見した。テーブルの前に座っているサルにピーナッツを差し出すと、サルは腕を伸ばして、取って食べる。サルの脳はこの単純な動作をするにあたり、腕を上げ、伸ばし、手を開き、ピーナッツを取り、口に入れるのに必要なニューロンを動かす。ここまではすべて予想どおりだったが、2匹のサルを観察していたときに、興味深い現象が起きた。1匹は相手がテーブルからピーナッツを取るのを見ていた。その1匹はじっと見ていただけなのに、脳内ではおいしいピーナッツを取るのに必要なすべてのニューロンが働いていることが判明したのだ。そのサルにとっては、鏡で自分を見ているようなものだった。つまり、そのサルは自分がピーナッツを食べられないことを知っていたが、以前に手で取って食べたことがあった。おいしいピーナッツを取り、食欲を促すしょっぱい味を楽しむための動きを、すでに完璧に知っていたのだ。

このメカニズムに関与している細胞は、「共感ニューロン」または「ミラーニューロン」という、科学的に知られていないニューロンだった。これらの神経細胞が活性化すると、目の前にいる相手が経験していることを再体験することができる。中枢神経系にとっては、自分がその行動をとっているようなものなのだ。

これらのニューロンは、家族、友人、敵などの身近な存在の行動をすみやかに理解するのに役立つ。

長年の研究によって、ヒトのミラーニューロンは、行動と観察をシンクロさせるためだけでなく、相手の行動を予測したり、感じたり、学習したり、社会性を身につけるために使われることが判明した。

実際に感情の動きを目にすると、神経細胞は活性化する。悲しい顔や怒った顔を見るとミラーニューロンが刺激され、嫌悪感に関与する島皮質、恐怖感に関与する扁桃体、コンピュータのように記憶を処理する大脳辺縁系に情報が送られ、目の前にいる人の気持ちを理解させてくれる。

ミラーニューロンはほかのニューロンによって調整されているため、悲しんでいる人を見るたびに涙が流れることはない。このような調整のおかげで、私たちは目の前にいる相手によって、自分の行動や感じ方を変えることができるのだ。見知らぬ誰かが悲しんでいるときよりも、自分の息子が悲しんでいるのを見たときのほうが、私の心は乱れるだろう。

ヒトのミラーニューロンが動物よりも洗練されているのは、相手が誰かの行動の意図を理解するふりをしているか、もしくはそれについて推測しているかを判断できるからだ。ヒトは行動に名前をつけたり、他人の意図を推測したりする能力を持っている。

痛みを見ることで、私たちは痛みを感じられるようになり、ただひとつの普遍的な掟は「害を与えてはならない」ということだと理解できるようになった。

ヒトは痛みを見たり感じたりすることで、良心、倫理、道徳を手に入れた。つまり、私たちの行動が苦しみや痛みをもたらすならば、カワウソやオットセイやアデリーペンギンよりも罪深いことになる。

ヒトが経験し得る最も強い痛みのひとつは、親やパートナー、あるいは子どもを亡くすことだ。身近な存在が死んだとき、ヒトは激しく動揺する。拒絶、怒り、冷静な分析、落胆、そして最終的には受け入れという一連の段階を経て初めて、死に向き合ったり、気持ちを整理したりできるようになる。葬儀は故人の生き方を称《たた》えるためのものであると同時に、遺《のこ》された人が喪失感を受け入れるためのものでもある。故人を称えることは、私たちを人間にする行為のひとつだといわれているが、実はゾウも亡くなった仲間を称えるのだ。

第８章

老い、死、そして愛

INVECCHIAMENTO, LUTTO E AMORE

カーブを曲がったところに２匹のプレーリードッグがいた。１匹は数分前に車にひかれて死んだ。もう１匹は死んだ仲間の手を取って揺さぶったが、すでに手遅れだった。生き残った１匹は、巣穴に戻ってから死んだ仲間のことを考えただろうか。その視線は悲しく、とまどっていただろうか。それとも、本能と感覚の生活を再開しただけだろうか。そのことがずっと頭から離れない。私と同じように、愛は理解できても、死は理解できない、生き残った１匹に親しみを覚えた。

――カルロ・カラッパ著
“*Diario in versi di un viaggio in America*
（詩で綴るアメリカ旅行記）”

チンパンジーの葬儀

衝撃のあまり震えが走った1枚の写真がある。2008年にカメルーンにあるチンパンジー救援センターで、モニカ・シュズピダーが撮影した1枚だ。

左に写っているのは、チンパンジーを乗せた手押し車を押している、沈痛な面持ちの黒人男性だ。手押し車のなかのチンパンジーは眠っているように見えるが、死んでいる。水色の布に包まれたチンパンジーの頭に、女性の手が添えられている。後ろ姿のその女性は、ベージュの帽子と紫のTシャツ姿だ。左手でチンパンジーの顎下を支え、右手を優しく頭に添えている。死んだチンパンジーはドロシーと名付けられたメスだ。善良な祖母であり、人間に対しても、チンパンジーの仲間に対しても優しい家長だった。ドロシーは子持ちの若い母親を叱ったり慰めたりして力を貸し、喧嘩を仲裁し、攻撃的なオスを落ち着かせた。彼女の経験と知識は、コミュニティ全体のために役立てられた。

写真の後方には電流の通った網が水平に張られていて、その向こうにはドロシーを見つめるたくさんのチンパンジーがいる。立派に成長したドロシーの子どもたち、友人たち、そして親戚だ。写真右上には突き出た耳をした若いオスがいて、その背後には年老いたオスがいる。よく見なければ気づかないが、年老いたオスの肩に手が添えられているのがわかる。すべてのチンパンジーがドロシーを見つめ、悲しんでいる。そう、悲しいのだ。私はこの1枚から何も汲《く》み取らずに、写っているものを淡々と書き出してみたが、彼らの視線は痛みに満ちている。これはモニカ・シュズピダーによって撮影された、弔うチンパンジーの写真だ。

明らかにしなければならないのは次の点だ。ヒト以外の動物は、死の意味を知っているのだろうか？　彼らは痛みを感じるのか？　ドロシーを見つめるチンパンジーの視線に深い悲しみを感じるのは、私の勝手な思い込みに過ぎないのか？

これは難しい問題だ！　私はこのテーマをできるかぎり深く掘り下げようと思っている。

さて、ここでひとつ聞いてみたい。あなたは、この世に死なない動物がいることを知っているだろうか？

死なない動物

その動物とは、タコ《ポルポ》でなく、控腸動物《ポリプ》だ。生物学者である私はレストランに行き、ウェイターが言い間違えて控腸動物《ポリプ》を薦めてくるたびに、びっくりしてしまう！　タコは8本の触手を持つ知的な軟体動物で、ジャガイモやカタルーニャ料理と相性がいいが、一方のポリプはクラゲを含む毒性の海生動物で、刺胞動物という大きな分類に属している。イソギンチャクみたいに単独でいることもあれば、サンゴみたいに群生することもある。最も古い刺胞動物はヒドロ虫綱で、その特徴は放射状の対称性、胃水管腔、円筒状の口柄、外胚葉……。まあ、難しい話はこのくらいにしておこう！

ヒドロ虫綱は面白いことに、若いときは岩にくっついて動かないが、成熟するとクラゲに変身する。泳ぎだし、交尾をし、年をとって死んでしまうのだ。つまり、ライフサイクルにはふたつの段階がある。

1. 岩に固着し、触れるものに湿疹《しっしん》を引き起こす、花のような形をした「ポリプ期」
2. 水中を泳ぎ、触れるものに湿疹を引き起こす、お化けのような形をした「クラゲ期」

つまり、ポリプとクラゲは異なる段階にある同一の存在ということだ。クラゲが交尾の際に水中に放出する卵と精子によって、「プラヌラ」と呼ばれる小さな幼生が生まれる。プラヌラはくっつくのに適した岩を見つけるまで、水中を漂いつづける。一度くっつくと、成長してポリプになる。ポリプはとてもシンプルな生きもので、持っているのは円筒形の体、たくさんの触手、ひとつの口、ひとつの胃。それだけだ。ほかには何も持たず、生殖細胞すら持ち合わせていない。触れるものに湿疹を引き起こす触手で獲物を捕らえ、岩にくっついてじっとしている。ポリプは一定の年数を生きると、分裂して小さな芽を出す。これらの芽は命を持っていて、切り離されて泳ぎ始める。ポリプは同じ構造を持つ複数のクラゲに姿を変え、成体になる。クラゲは泳ぎ、食べ、泳いでいる人間を何人か刺し、交尾をし、死ぬ。そして新たなサイクルが始まる。ただし、クラゲのなかには、ポリプにふたたび戻ることで時間のテープを巻き戻す種も存在する。つまりは若返ることができるのだ。この種が発見されたのは、ジェノヴァのフォカッチャのおかげだった。

80年代末、若き海洋生物学者であるドイツ人のクリスチャン・ゾマーとイタリア人のジョルジョ・バヴェストレッロは、ポルトフィーノの岬でポリプをとっていた。ふたりはサレント大学で教鞭《きょうべん》を執るフェルディナンド・ボエロとともに、ヒドロ虫綱のライフサイクルを研究していた。

ある暑い日、ゾマーはフォカッチャが食べたいと言ってジョルジョをうんざりさせていた。前日にカプチーノと一緒にそれを楽しんだゾマーは、その味にとりつかれてしまったのだ。まるで薬物のようなフォカッチャだった。根負けしたジョルジョは要求に屈し、採集したポリプのサンプルを持って研究室に向かった。ふたりはそれらを複数のガラスの容器に分けた。興味をそそられたのは、広い海でよく見られるベニクラゲのポリプだった。このポリプは、ポルトフィーノの岬で何をしていたのだろう？

お腹が空いていたふたりは、さほど気にとめずにサンプルを容器に移し終えると、ラパッロにある最高のフォカッチャ屋に行って夜まで過ごした。翌朝、グルテンの食べすぎでお腹を膨らませたふたりは、容器のなかの小さなポリプを観察しはじめた。もうすぐクラゲに姿を変える、小さな透明の生きものが、ガラスの容器のなかを楽しそうに泳いでいた。彼らはポリプが姿を変えるまでの時間を確認し、水の塩分濃度やpHのデータを取ったりして、生物学者ならではの退屈な仕事をすべてすませた。その日は金曜日で、ふたりは研究室を閉めてビーチに向かった。土日の2日間、餌のない容器のなかで泳ぎ回る小さなクラゲのことを忘れていた。そして月曜日、研究室のドアを開けたふたりは、クラゲの姿がないことに気づいた。なんと、クラゲがいるべき容器にポリプがいたのだ！　彼らは目を疑った。

たとえるなら、老人が暗い部屋に2日間も閉じ込められ、食べ物も水も与えられないまま放置されたあとで、子どもに戻るようなものではないか！　こんなことはあり得ない。ボエロ教授の監督のもと、ふたりはすべての手順を繰り返してみたが、クラゲは泳ぐ環境が悪くなるたびに、小さな芽に圧縮され、容器の底に固着してポリプに姿を変えることが確認された。

環境が改善されるとポリプはクラゲになり、悪化するとまたポリプに戻ってしまう。ここに不死身の動物が発見されたのだ！

この観察結果は、1991年にスペインのブラナスで開催されたヒドロ虫学会で発表された。出席者のなかには、スイスのバーゼル大学動物学研究所の生物学者である、厳しいことで有名なフォルカー・シュミットもいた。ふたりの研究者の発表を聞くと、彼は大声で笑いだした。

“AH AH AH AH es ist unmoglich!”

「アハハハ！　あり得ない話だ！」

“Eine Qualle kann sich nicht verjungen!”

「クラゲは若返らないよ！」

ドイツ語ができるボエロ教授はその言葉に苛立った。すさまじい勢いでシュミットの耳を摑んで実験室に引っ張っていくと、クラゲには気の毒なことだが、体を切り刻んだ。すると、クラゲは話を信じていないシュミットの目の前でポリプに変身して、若返ったのだ。心底驚いたシュミットは謝罪し、お詫《わ》びの印として、そこにいた全員をビーチに誘ってパエリアを振る舞った。

少し脚色してあるが、だいたいのところは本当だ。地中海産の特徴的なこのクラゲは新種と認定され、ナポリのアントン・ドールン動物学研究所を設立したドイツの動物学者であるフェリックス・アントン・ドールンの名にちなんで、チチュウカイベニクラゲ(Turritopsis dohrnii)と名付けられた。数年後、ボエロ教授のもうひとりの教え子であるステファノ・ピライノは、このクラゲの細胞を研究し、彼らが自らの運命を書き換えられることを突き止めた。たとえば、私の爪の細胞はニューロンにも赤血球にもならない。爪になったら爪のままだ。一方、チチュウカイベニクラゲの細胞は、テープを巻き戻して全能細胞になる。つまり、あらゆる細胞に姿を変えることができるのだ。そのメカニズムを解明できれば、人間は不死身になれるか、少なくとも死を先延ばしにできるかもしれない。

とはいえ、死を先延ばしにする必要がどこにあるだろう? 映画『ライオン・キング』のムファサの言うとおり、生まれ、成長し、年をとって、死ぬのが生きもののサイクルだ。その間に食事をして、交尾をする。シンプルにいえば、それが生きるということだ!

より学術的な言い方をすれば、生命がこの世に存在できているのは、環境の変化に適応し、世代を重ねるごとに変化していく個体が連続的に入れ替わっていくからだ。もし私たちが常に同じで、遺伝子の変異もなく、性別もなく、突然変異もなかったら、複雑な生命は数世代で地球上から消えてしまうだろう。死は新たな生命をもたらす。これまで見てきたように、それぞれの生命のサイクルは、性交のおかげで生命の本質である多様性を生み出しているのだ。

ダニーロ・マイナルディは、著書“*L'animale irrazionale. L'uomo, la natura e i limiti della ragione*(不合理な動物——ヒト、自然、理性の限界)”のなかで次のように述べている。「それぞれの個体は、空間と時間のなかで移動し進化する、非常に長いプロットのなかの限られた一部分に過ぎない」

「限られた一部分」とはいえ、そんなに限定的ではない生きものもいる。インターネットで調べてみたら、長生きする動物ランキングが出てきた。不死身と言ってもいいベニクラゲ、3000年生きる海綿動物、捕獲されなければ2000年生きるクロサンゴ、食べられなければ500年生きるアイスランドガイ。ニシオンデンザメは400年生きる。花子《はなこ》と名付けられた観賞用のコイは、226年生きた。生まれたのは1751年、死んだのは1977年だ。また、カメは130歳以上生きることができる。私は幸運なことに、非常に長生きをした、ガラパゴス諸島の巨大なカメに会う機会を与えられた。彼の名はジョージ。孤独なジョージといった。

100年以上生きたピンタゾウガメ

私はジョージに会う朝、早起きをした。撮影チームとともに、ガラパゴス諸島のサンタ・クルス島にある小さな町、プエルト・アヨラの安い宿に泊まっていた。皆がぐっすり眠っているなか、私はベッドでじっとしていられず、夜明けとともに海辺に出かけた。空ではグンカンドリがほかの鳥から魚を盗むチャンスを窺いながら飛びまわり、陸ではイグアナが海中の藻を食べに行くのに備えて、日向《ひなた》ぼっこをしていた。私はアシカの隣に腰を下ろしたが、アシカはそれに気づかず、いびきをかいて眠っていた。私は幸せを噛み締めた。

　番組の撮影のためにガラパゴスに行くと言われてからというもの、喜びがふつふつと湧き上がってきて仕方がなかった。自然科学者にとって、太平洋の真ん中に位置する孤立したこの群島が特別なのは、１８３５年にチャールズ・ダーウィンが、当時の西洋を支配していた概念を根底から覆した理論を着想した場所だからだ。

　その日の私は、ガラパゴス諸島に生息する伝説的な生きものに会うことになっていたので、特に興奮していた。イギリスの偉大な博物学者であるダーウィンを乗せて世界中を航海していた、イギリス海軍の10の大砲を搭載する2本マストの帆船であるビーグル号を、その生きものは目撃していたに違いない。私は海を見ながら感慨にふけったあと、撮影チームと合流して、プエルト・アヨラ郊外にあるチャールズ・ダーウィン研究所に歩いて向かった。年老いたジョージが住んでいる場所だ。

　動物を見るとつい近づいてしまう悪い癖がある私は、うっかり撫でてしまうこともあるので、気を引き締めた。ガラパゴスには厳格な規則がある。その前日、私は海中でネムリブカの尾をうっかり撫でてしまい、ガイドさんに叱られたばかりだった。相手に近づかない、何も触らない、うっかり撫でない、そして孤独なジョージが40年間暮らしている囲いに入ったら、隅のほうで大人しくしていることをあらためて誓った。ジョージはピンタ島に生息する唯一のピンタゾウガメであることから、孤独なジョージと呼ばれていた。ガラパゴス諸島の各島には、独自の種（亜種とする研究者もいる）のカメが生息している。何千年も前に島々に上陸した、最大で300キロにもなる巨大な爬虫類だ。鞍のような甲羅をしたピンタゾウガメは、長い首をぐんと伸ばして、ピンタ島に豊富にあるサボテンの実を取って食べる。

ガラパゴス諸島に最初にやってきた人間は海賊で、続いて捕鯨船員、最後はアザラシ漁をする人々だった。どの訪問者も、島をスーパーマーケットのように使った。たとえば、航海中の新鮮な食料として、巨大なカメを生きたまま船に乗せていたのだ。その後、入植者たちが放ったヤギが増えすぎたことで、もともと島に生息していた動物は餌を取ることができなくなり、苦しんだ。そして1906年、ピンタ島のカメの絶滅が宣言されることになる。

しかしながら、その65年後の1971年、ピンタ島でカタツムリを研究していたハンガリー人科学者が、ピンタゾウガメを発見したのだ。港に戻ってきた彼からカメを見たと聞いた自然公園の管理者たちは、島じゅうをくまなく調べはじめた。そして1972年の春、ジョージが発見されたのだ。しかし、ジョージ以外に同じようなカメは見当たらない。

調査が拡大され、世界中の動物園で同種のメスがいないか調べられたが、見つからなかった。ジョージはこの世に残された最後のピンタゾウガメであることから、ロンサム・ジョージの愛称を持つアメリカのコメディアンのジョージ・ゴベルの呼び名にちなんで、ジョージと名付けられた。ジョージには何年にもわたって別の種のメスが提供されつづけ、あるとき、イザベラ島のウォルフ火山の斜面に生息する2頭の美しいベックゾウガメが与えられた。彼女たちが最もジョージに似ているように思われたからだったが、ジョージはこの2頭を好まなかった。

私がジョージの暮らす柵のなかに入ったとき、彼の姿はそこになかった。食事をしているメスがいるだけで、ジョージは本物のスターのように、すぐには姿を現さなかったのだ。私は岩の上に座って、じっと待ちつづけた。やがて柵の外にいた放送作家のグイドが、大袈裟な身振りをしはじめた。私は彼が何を言おうとしているのかわからなかったが、自分の真後ろに巨大なカメがいるのに気づいた。警戒させてしまったら、柵から出ていってしまうかもしれない。そう考えた私は、何でもしないふりをしてじっとしていた。

カメラに興味をそそられたジョージは近づいてきて、私の頭上に首を伸ばした。その瞬間、全身に鳥肌が立ち、胸が早鐘を打った。おそらくチャールズ・ダーウィンに会ったと思われる、自らの意に反して世界的な保護動物の象徴になってしまった100歳の生きものが目の前にいる。なんと光栄なことだろう。彼はダーウィンを知っているのだ！　もしカメラがなかったら、彼は堂々とした美しさを見せてくれなかったに違いない。

２０１２年6月24日、ジョージが柵のなかで死んでいるのが発見された。１００年にもわたる孤独な物語は幕を閉じた。ジョージの死によって、何千年ものあいだ、ガラパゴス諸島の最も神秘的な離島のひとつに生息していた種が、地球上から姿を消したのだ。

私はジョージの死を知ったとき、まるで古い友人を亡くしたかのような深い悲しみに包まれた。ヒトという動物である私は、死とは何かを知っているからだ。心臓が止まり、脳が停止し、筋肉が収縮しなくなる。すべての生命の機能が停止する。ヒト以外の動物は、死の意味を理解しているのだろうか？　愛する仲間が死んだときに、痛みを感じるのだろうか？

私には、仲間を失ったチンパンジーの脳をＣＴスキャンして、愛する人を失ったときに活性化する脳の領域である海馬と偏桃体の状態を調べることはできない。心の傷を測定する装置を持っていない私は、動物行動学者として動物の行動を観察し、解釈するしかない。

パートナーを失ったインコ

愛する者を失ったときの絶望は慰めようのないものだ。オウムやペンギンのような一夫一婦制の種は、私が思うに、そこに愛があるかのような安定した関係を築き、死ぬまでその関係を続ける。私は大学で働いていたころ、長年一緒に研究をしていたレナート・マッサ教授から、次のような話を聞いた。

かつてスパーキーという名のインコがいた。スパーキー・ウィリアムズは、１９５４年にイギリスで生まれた。明るい色のくちばしと、黄色と黒の縞模様《しまもよう》の羽を持つ、とても美しい緑色のインコだった。マティー・ウィリアムズ夫人は、小さな鳥かごに兄弟と一緒に入っていたスパーキーに一目惚れし、迷わずフォレスト・ホールの自宅に連れて帰った。ウィリアムズ夫人に懐いたスパーキーは、深い愛情を彼女に示すために話しはじめた。スパーキーは人間の言葉を真似るのが得意で、１９５８年には５３１の言葉と３８３もの文章を話すとして、ギネスブックにも登録された。

スパーキーは瞬く間にスターへの階段を駆け上っていった。ＢＢＣのラジオ番組に出演し、レコードを出し、鳥を扱うブリーダーからは絶え間なくオファーが寄せられた。しかしながら、１９６２年、８歳になったスパーキーは体調を崩しがちになる。ウィリアムズ夫人は熱心に看病したが、病気になったスパーキーはゆっくりと衰弱していった。夫人は死の間際のスパーキーを手で包み込み、話しかけて励ました。スパーキーは動くことなく静かに、人間のお母さんの言葉に包まれていた。彼は最後の息を吸ったあと、こう言った。

「愛してるよ、ママ」

これは教授の作り話ではなく実話だが、スパーキーが息を引き取る前にその言葉を使ったかどうかはわからない。手の施しようのないロマンチストである私は、スパーキーが夫人に最後のお別れをしたかったのだと信じたい。生物学者として言えることは、インコが死の間際も、人間のパートナーに愛を伝えるために、知っている言葉を使ったということだけだ。一夫一婦制のインコは、たとえパートナーが人間であっても、私たちが想像する以上に、相手と深い絆で結ばれているのだ。

ある日、ＹｏｕＴｕｂｅを見ていたら「パートナーの死に反応するインコ」という動画を見つけた。2分に満たない動画なので、あなたもぜひ見てみてほしい。画面に登場するのは、若くて黄色いメスのインコ、死んでしまった緑色のオスのインコ、そして死んだオスをペーパータオルで優しく包もうとしている人間の手だ。死んだオスがペーパータオルで包まれていくが、メスのインコは自分も一緒にペーパーに巻き込まれてしまうほど、懸命にくちばしでオスの頭を撫でつづける。画面から人間の手が一瞬消えると、メスは死んだオスのもとに戻り、ペーパーから覗く頭部をふたたび撫ではじめる。人間の手はペーパーを持ち去ろうとするが、メスはその手に登り、指を激しくつつきだす。オスを包んでいたペーパーが開くと、メスは片足でペーパーをしっかりと掴んで、死んだオスをふたたび撫ではじめる。動画はそこで終了だ。喪失の苦しみと、息をすることも動くこともなくなったパートナーから離れたくないというインコの思いがつまったこの動画を見て、私は本当に悲しくなった。

喪に服したシャチ

一夫一婦制の鳥のつがいは強い絆で結ばれているが、母子の絆ほど強いものはない。

12月のある朝、私は友人からメールを受け取った。

「ジェノヴァ港にシャチがいるわ」

「勘弁してくれよ……酒でも飲んだのか？」

「本当よ。インターネットを見てみて」

私は目を疑った。ジェノヴァの海岸線に、4頭のおとなと1頭の子どものシャチがいたのだ。大型のシャチが地中海で目撃されるのは初めてではないが、私にとっては、ノルウェーのフィヨルド、カナダ、パタゴニアで見るのが普通だったので、すぐ近くのなじみ深い町にシャチがいることに興奮した。なんと胸の躍る光景だろう！ マグロの群れを求めてジブラルタル海峡を渡ってきたのかと思ったが、彼らがなぜ港にとどまっているのかはわからなかった。翌日、子シャチの健康状態が非常に悪いという噂が流れはじめた。信じたくなかったが、シャチの群れは子どもを助けるために、波が穏やかな港に近づいてきたのではないかという仮説はあり得ないものではなかった。残念ながら、1週間後に子どもは死んでしまった。シャチの群れは港の近くにとどまり、死んだ子どもを鼻先で支えつづける母親のそばから1週間離れなかった。

2019年12月9日付のイル・ソーレ24オーレ紙には、次のような見出しが躍った。「死んだ子どもを離さないジェノヴァの母親シャチ」。内容は次のとおりだ。「今朝、サルザーナの基地から離陸した沿岸警備隊のヘリコプターは、死んだ子どもを支えつづけている母親のシャチの姿を撮影した。喪に服している母親が体力を消耗させ、子どもの体を手放すまで、群れはジェノヴァ港にとどまる可能性がある」

「喪」という言葉に不自然さはなく、むしろ自然に感じられた。シャチの母親の脳をCTスキャンで調べたら、深い悲しみを感じていることがはっきりと読み取れただろう。それでも私には深い海に戻ることもせず、食事をとることもせず、死んだ我が子の亡骸《なきがら》を1週間も支えつづけたという事実だけで十分だ。

息子を亡くしたゴリラ

こうした行動はシャチだけでなく、ハンドウイルカやゴリラにも見られる。ガーナはドイツ北部にあるアルヴェッター動物園で飼育されていたメスのゴリラだった。2008年、ガーナは赤ちゃんを産み、その子はクラウディオと名付けられた。最初の2カ月は特に問題なく過ごしていた。ガーナは愛情深い母親だったし、小さなクラウディオは落ち着いた様子で母親の乳房にくっついていた。しかしながら、3カ月目に、クラウディオは深刻な腸の感染症にかかって死んでしまったのだ。ガーナは息子の死を受け入れることができず、亡骸を2週間もあやしつづけ、乳房にくっつけ、腰に乗せて運んだ。彼女は誰にも近寄らせなかった。ガーナの写真はヨーロッパ中の人々を感動させた。

２００８年8月19日、ジャーナリストのマルクス・ダンクは、「母親の悲嘆――傷心のゴリラが死んだ我が子をあやす」と題した写真付きの記事で次のように書いている。「死んだ我が子を人形のように抱いているこの母親は、混乱し、狼狽《ろうばい》し、死を受け入れることができないまま、亡骸を見つめている。これはまさに純粋な痛みだ。子どもを失ったすべての母親が感じる、生々しく、やるせない痛みだ」

仲間を弔うゾウの群れ

ゾウもまた、この生々しい痛みを感じることが報告されている。

私たちがアフリカのゾウの生活について何かを知っているとすれば、それは１９７３年にケニアで始まった、アンボセリ・ゾウ研究プロジェクトによるところが大きい。動物行動学者のシンシア・モスは、50年にわたるこのプロジェクトを支えてきた人物だ。

１９７3年8月、シンシアは同僚のハーベイ・クローズとともに、タンザニアとの国境にあるアンボセリ国立公園で、ゾウの個体数と家族構成についての詳しい調査を開始した。

そのなかに、彼らの心を捉えたゾウの家族がいた。リーダーは2頭のおとなのメスだった。1頭は骨ばった肩をした、いつも頭を下げているメスで、もう1頭は目の下に涙の痕を思わせる深いシワのあるメスだった。

1974年4月、その印象的なしわのある1頭に無線送信機付きの首輪がつけられた。その無線機が発する音にちなんで、彼女はエコーと名付けられた。頭を下げて歩く妹はエミリーと名付けられた。そして1975年、6頭からなるエコーの家族はEBと名付けられた。エコー(30歳)、エミリー(25歳)、エラ(10歳)、そしてユードラ(3歳)とリトル・メール(7歳)。50年が経過した現在、私たちはEBのすべてを知っている。何頭の子どもが生まれ、何頭が死んだか、1976年と1984年のひどい干ばつにどう対処したか。そして、2009年3月3日にエコーが65歳という天寿をまっとうするまで、二度の悲劇に襲われてもなお、家族がどれほど団結し、繁殖しつづけたかを。

エコーは常に聡明《そうめい》だった。密猟者に狙われることのないように、自然公園の境界線から外に家族を連れ出すことはなかったし、最もやわらかい草が生えている地域に家族を誘導できたし、何カ月も雨が降らないときでも、どこに行けば水が飲めるかを知っていた。1989年まではすべてが順調だったが、その後、大きな悲劇がEBを襲う。エミリーとその娘のユードラが、オスの赤ちゃんを同時に出産したのだ。エミリーの息子エドと、ユードラの息子エルスペスである。

エルスペスは太っていて、いつもお腹を空かせていたため、母親からミルクをもらったあとに祖母にもねだった。祖母は自分にも子どもがいるにもかかわらず、断ることができない。2頭の幼いゾウのあいだで激しい競争が繰り広げられたが、エドは太ったエルスペスよりも小柄であるにもかかわらず、なかなか身を引こうとはしなかった。ちょっとした兄弟喧嘩は絶えなかったものの、一家はおおむね平和な時間を過ごしていた。だが9月になると、エミリーが急に姿を消した。エコーの妹で、家族のなかで2番目に年長のエミリーが突然いなくなってしまったのだ。

エミリーの子のエドはミルクが飲めないことに絶望して鳴いたが、それ以上に、心細いときに安心させてくれた母親の長い鼻が恋しくて鳴いた。その後、ロッジのゴミ捨て場の脇で、死んでいるエミリーが発見された。胃に入っていたのは、瓶の蓋、ガラス、プラスチック。使用済みの電池が腸に穴を開けていた。壮絶な死だ。

生後わずか半年だったエドは、死んだ母親のそばから離れなかった。立ち去ることもできないまま、体を撫で、寄りかかった。なぜ母親は起き上がらないのか、なぜ慣れ親しんだ大きな鼻が撫でてくれないのか、理解できなかったのだろう。年老いたおばであるエコーがエドに向き合おうとしたが、慰めようがなかった。空腹を抱えたエドは、姉のユードラに乳を飲ませてもらおうとしたが、断られてしまった。

やがてエドは、獣医たちに救出され、ナイロビのレスキューセンターに連れていかれる。

16年のあいだにいくつもの困難を乗り越えてきた家族だったが、家族のなかで2番目に年長のメスであり、エコーにとっていちばんの味方であり、3頭の子の母親であり、1頭の孫の祖母でもあったエミリーの死は、あまりに大きすぎる出来事だった。しかし、エコーはいくつもの冒険をともにした妹を失っても立ち上がった。雨が上がると、エコーはふたたびグループをまとめて出発する。エミリーの亡骸はロッジのゴミ捨て場近くの砂の上に残された。

数日間、ハゲワシやジャッカルのご馳走《ちそう》となり、ハエの幼虫を集めたのち、賢くて忠実なエミリーは骨だけになった。サバンナを移動するゾウの群れの鳴き声が、数キロ先まで響き渡った。咆哮、雷鳴、枝の折れる音。それから数年が経っても、EBはエミリーの骨の前を通りかかるたびに黙り込んだ。群れの全員が、その哀れな遺骨のそばで立ち止まるのだ。エコーは妹の骨のにおいを嗅ぎ、胴体と足でそっと撫でる。その瞬間の静寂は絶対的なものだった。それから、群れはふたたび行進を始める。

1990年、カメラマンのマーティン・コルベックとプロデューサーのマリオン・ツンツによって、エコーのドキュメンタリー番組シリーズが制作されたことで、この家族は世界的に有名になった。番組開始から19年間、すべてがコルベックのカメラによって記録された。あるとき、別のゾウの群れが赤ちゃんを誘拐しようとしてきたが、エコーが介入して皆を救った。さらなる出産、困難、干ばつ、飢餓。群れが定期的にエミリーの墓を訪れ、静かに敬意を表している様子をカメラは捉えつづけた。

ゾウは仲間の死を悼むのだろうか？　おそらくそうだ。死を悼むとは、亡くなってしまった愛する存在を思い出すことだ。遺物は忘れることのできない愛の記憶を呼び起こす。

2003年4月、EBをまたしても深刻な悲劇が襲った。エコーの愛娘であるエリンが井戸に近づいたのだ。彼女は人間のにおいに怯えていたが、喉が渇いていたし、子どものリトル・メールに乳を飲ませる必要があった。エリンが井戸で水を飲んでいると、マサイ族が放った2本の槍が彼女の肩を直撃した。すぐに痛みを感じなかったエリンは、男たちの怒鳴り声を聞いて逃げ出した。やがて立ち止まり、アドレナリンが切れると、エリンは自分の血のにおいに気づき、肩にひどい痛みを感じた。傷は深く、エリンは感染症にかかってしまう。シンシア・モスは、エリンの治療にとりかかった。国立公園の獣医たちは抗生物質を与えたが、すでに手遅れで、できることは何もなかった。苦しみ抜いたのち、エリンは死んだ。家族は何週間も苦しみつづけるエリンを見捨てることなく、命が尽きるまでそばにいた。エリンの死後も、奇跡的に子どものリトル・メールは生き残った。エコーはその悲劇のあとも群れを守りつづけ、強いリーダーでありつづけた。エリンの遺骨にも、たまに群れが訪れるようになった。

アンボセリ・ゾウ研究プロジェクトは、数十年にわたって、ゾウがどのように生き、縄張りを利用し、困難に立ち向かい、コミュニケーションをとるのかを教えてくれた。そして何よりも、ゾウが死を超越するほど豊かで複雑な感情を持っていることを教えてくれたのだ。

このようなことを書くと、弔いは私たちを人間たらしめる柱のひとつであるという考えが崩れてしまうため、少し後ろめたい気持ちになる。愛する者が亡くなったときに感じる深い悲しみは、私たちヒトだけのものではない。ゾウは死んだ親や子どもを思い出し、喪失を嘆く。ゾウはそれを表現する言葉を持たないが、彼らの行動には言葉以上の価値がある。ただし、ゾウが亡骸を埋葬することはない。

糸杉の木陰や　涙の慰めを受ける骨壺《こつつぼ》のなかならば　死の眠りはそれほど辛くないだろうか。太陽が私のために　この美しい草木や動物の家族を大地に増やさなくなり　未来というときが　私の前で甘言をほのめかして踊らなくなったとき　優しい友よ　君の詩や　それを支配する悲しげな調べが聞こえなくなり　私の流浪の人生にとって　ただひとつのよりどころであるムーサの処女と愛の精神が　この胸に語りかけてくれなくなったとき　死が陸に海にまき散らす無数の骨と　私の骨を分ける一基の石は　失われた日々の　何の償いになるだろう。

（ウーゴ・フォスコロ『墳墓』）

仲間をなくしたゾウ

詩人のウーゴ・フォスコロいわく、遺された人たちが墓を必要とするのは、大切な人の霊を弔い、その人を偲《しの》ぶことができる場所だからだ。また、墓には市民的、歴史的、愛国者的な価値があり、ときには人間性の最高の表れである詩を生み出す。墓は過去と現在を繋ぐものであり、後世に伝えるべき理想の場所なのだ。私は『墳墓』について論じられるような身分ではないが、フォスコロはこの詩に人間性の本質のひとつを集約している。死者を埋葬する動物はいない。ゾウは愛する仲間が死んだ場所を訪れることでその亡骸を称えるが、ときが経ち、世代を経るにつれて、記憶は薄れていく。しかしヒトはそうではない。世界で最も大きな建築物は墓だ。ギザのピラミッド、タージ・マハル、兵馬俑《へいばよう》のある西安《せいあん》の秦《しん》の始皇帝の陵墓は、ファラオ、最愛の妻、皇帝が埋葬された場所にほかならない。

死者を埋葬するヒト

葬儀はヒトによる、故人の埋葬に伴う儀式だ。私は思いがけないことに、世界で最も複雑で血なまぐさい儀式のひとつに立ち会うことになった。ボルネオ島とモルッカ諸島のあいだにある、インドネシアの大きな島のスラウェシ島を訪れたときのことだ。サンゴ礁の海洋生物、クロザル、そしてスラウェシメガネザルなどの珍しい動物を撮影していたある日、同行していた放送作家が、VTRにトラジャ族の葬儀の様子を数分間入れたらどうかと提案してきた。たしかに興味深いテーマではあるが、サメとサルの映像のあいだになぜ伝統的な葬儀の映像を挟もうとするのか、納得がいかなかった。何度も議論を重ねたのち、私は心を落ち着かせ、仕方なく彼の意向に従うことにした。

トラジャ族はスラウェシ島南部の人里離れた高地に住んでいる、古い歴史を持つインドネシアの民族だ。私たちは北東の山麓にあるタンココ・バトゥアングス自然保護区を出発し、1411キロの道のりを南下した。道中の様子やそのときの気分については、ここで語るのはやめておこう。2日後、目的地に到着した。青々とした水田、ヤシの木、畑、集落群が広がっていた。トラジャ族の家は巨大な船のような形をしていて、入り口には木製の水牛の頭が飾られている。

トラジャ族にとって水牛は特別な存在。畑仕事に使われるほか、葬儀の際には生《い》け贄《にえ》にされる。大きくて温和な水牛は先祖の霊に関係していて、この世と死後の世界を繋いでいる。水牛は死者を背中に乗せて、死後の世界に連れていく。

葬儀当日、私たちは早めに村に到着した。家々のあいだにある泥だらけの小さな中央広場に、大きな黒豚の四肢を竹竿《たけざお》にくくりつけた家族が続々と集まってきた。わずか数時間で、広場は人と動物でいっぱいになった。縛られたブタが地面に横たわる一方で、立派な角の大きな年老いた水牛や、ほんの小さな角の若い水牛もいた。トラジャ族の家を再現した竹の輿に、赤い布で覆われた木製の棺《ひつぎ》が置かれていた。1年前に亡くなった老婆の葬儀が始まったのだ。

ある人が教えてくれたことによると、貧しい家庭ではすぐに遺体を埋葬するが、裕福な家では何年ものあいだ、家のなかに遺体を置いておくらしい。現在では遺体をミイラにするのに科学の力が使われているが、少し前までは神秘的なハーブが使われていた。トラジャ族にとって遺体が家にあるかぎり、その人は死んでおらず、家族の一員なのだ。彼らは遺体を病人と見なして世話をし、食事を与える。夜になれば明かりをつけて、お祈りの時間には皆で一緒にお祈りをする。

私を撮影することになっていたカメラマンのマッシミリアーノは、私が周囲の状況に混乱しながらブタのあいだをさまよっているあいだ、そばにいてくれた。一方のフェデリコは三脚を立て、何が起きているのかをつぶさに撮影していた。固い帽子をかぶってタバコを吸っている老人、遊ぶ子どもたち、黒い服に身を包んだ、美容院帰りみたいな女性たち。

すると突然、音楽が始まった。棺が持ち上げられ、皆が踊り、歌い、回転している。それは素晴らしいパーティーだった。回転木馬のように、輿がすばやくまわりだす。やがて音楽が止まり、広場を見下ろす舞台に棺が置かれた。銅羅が鳴り、皆が悲しみに包まれた。するとと突然、動物の叫び声が響き渡った。ブタが心臓に長いナイフを突き刺され、わずか数分で血を出し尽くして死んだ。それに続く絶叫、また別の絶叫。葬儀における最も血なまぐさいシーンが始まったのだ。

「ヴィンチェンツォ、撮影はどうする？」

私はなんと答えるべきだったのだろう？

「マッシミリアーノ、何を言ってるんだ？　全部撮るんだ！　ゴールデンタイムに流すドキュメンタリー番組にうってつけだよ」

私は異文化を尊重しているが、正直なところ、泥と血と糞が混ざり合った広場の真ん中にいるのは容易ではなかった。しかし、最悪の事態はこれからだった。フェデリコが水牛の生け贄のことを知らせてきたので、私はその現場に向かった。背後には、頭に奇妙な黒いヘルメットをかぶった背の低い太った男が立っていた。左手に水牛を繋いだロープを持ち、右手に長くて鋭いマチェーテを持っている。大きな水牛は大人しくしていた。水牛に背を向けようとしたとき、大きな濡れた鼻と、鼻孔を貫くリングが見えた。私がカメラを構えたマッシミリアーノに向かってレポートを始めた瞬間、男がロープを引っ張り、水牛の頭を上げた。そして、マチェーテが水牛のむきだしの首に激しく振り下ろされた。映画のワンシーンのように、血しぶきがカメラのレンズに降りかかる。水牛は私の体をかすめ、地面にどっと倒れ込んだ。もちろん、撮影した映像が放送されることはなかったが、水牛の死はこの葬儀で最も重要な瞬間だった。水牛が死んで始めて、亡くなった女性は、死後の世界に連れていってくれる水牛を手に入れられるからだ。

奇妙で血なまぐさい葬儀の最後に、女性の遺体は壁龕《へきがん》が作られた岩があちこちに見られる丘に運ばれた。すべての家のバルコニーには、親族の棺を納めるための壁龕があり、祝宴のための服を着た木製の像が飾られている。

誰かが亡くなると、タウタウと呼ばれるその木製の像に似顔絵が彫られ、バルコニーに置かれる。そのバルコニーで、一族の先祖が現世を見守っているのだ。それでも、トラジャ族の死者たちは3年ごとに家族のもとに戻る。棺は壁龕から引き出されて開けられ、遺体は埃を払われ、磨かれる。新しい服を着せられ、数枚の写真を撮られ、短いパーティーが開かれ、ふたたび棺のなかに戻る。トラジャ族の葬儀は、先祖に愛を伝えることで先祖を偲ぶという、彼らのアイデンティティなのだ。

これとまさに同じことが、パリのペール・ラシェーズ墓地でも起こっている。そこでは、毎年何千人もの人々がジム・モリソンを称え、偲んでいる。彼の小さな墓に、花、レコード、タバコ、巻きタバコ、ビール瓶、キャンドルが絶えることはない。Ｄｏｏｒｓで活躍したジム・モリソンが１９７１年に亡くなってからというもの、あらゆる世代の男女が墓地を巡礼し、彼を偲んでいる。

ピンデモンテよ。勇者の墓は　雄々しい心を偉業へと促し　巡礼者には　迎えられる土地を麗しく尊いものにする。偉人《マキャベリ》のなきがらが横たわる霊廟《れいびょう》を見たとき……。

　フォスコロがジム・モリソンの墓を見たら、どのように思うだろう。マキャベリ、ミケランジェロ、ガリレオの墓が人々を偉業に駆り立てたように、フォスコロにとってジム・モリソンの墓は「勇者の墓」になり得るだろうか？　私はなり得ると思っている！　フォスコロは、なかなか冒険好きで、現代的で、革新的な人物だったからだ。フォスコロを論じるのはこのくらいにしておくが、とにかく最も重要なのは、フォスコロが死者に対する「敬意」と「埋葬」を、人類の文明の起源として捉えていたことだ。私たちを人間にするのは、死者を埋葬するという行為なのである。

おわりに

僕らがここに一時的にしかいられないこと
今日の空が曇っていること
生まれたら必ず死ぬこと
そして物語は終わってしまう
それって何のせい？　何のせい？　何のせいだ？
すべては君の見方しだい
それって何のせい？　何のせいだ？
すべては君の見方しだいさ

――ハラベ・デ・パロ「Depende」より

私たちの旅はここで終わりだ。ここまで、あなたと一緒に過ごせて楽しかった。私は物語を語るのが好きだし、動物の行動を観察するのが好きだし、神聖なものを世俗的なものと組み合わせて、知的なジョークを生み出すのが好きだからだ。

私の友人のアンジェラが、初めて本作のポッドキャストを聞いたときに、私に言った言葉を覚えているだろうか？

「人間と動物を同列には語れないわ！」

こんなふうに言われても、私は特に驚かなかった。なぜならば、私たちの文化はややアリストテレス的で、ややキリスト教的な人生観を押しつけてくるからだ。啓蒙《けいもう》思想でさえ、人間と動物との明確な線引きを求めていた。アンジェラには内緒にしておいてほしいが、本書の根底にある考えは、私たちがつまりはサルであることを理解するために、この線引きを取り除くことだった。

アンジェラ。申し訳ないけれど、生物学的観点から見れば、私たちは単に体毛が薄いだけのサルなのだ。私たちは神ではないし、別の銀河系で進化したわけでもない。本書の冒頭で述べたように、私たちの素晴らしい能力のすべては、「進化の法則を経て、我々までたどり着いたもの」だ。ゴリラのペニス、オウムの発声、アラビアヤブチメドリの利他主義、日本のフグの美的センス、ベルベットモンキーの鳴き声、ノドジロオマキザルの公平感。これらは、私たち人間の行動をかつてない視点から解き明かすための鍵となる。たしかにこのようなアプローチの仕方は、私たちに台座から降りることを強要するが、生命を理解するにあたっては、ときに下から眺めることも必要なのだ。

医学には「モデル生物」が存在する。生物学的メカニズムを理解するために研究される動物のことだ。モデル生物から理解できたことはすべて、私たち人間がどのように機能しているかを知る手がかりになる。基本的な生物学的原理が、まったく同じではないにしても似ていることが多いからだ。パターンを観察して得た知識が医学に役立つのなら、動物行動学に役立たないはずがない。パターンの観察を動物行動学に適用すれば、わざわざ動物の脳に電極を入れたり、薬を注射したりする必要はなくなるだろう。しかし、ここに悩ましい点がある。それは「解釈」だ。

シャチやイルカやアホウドリについて書いたとき、アンジェラからだけでなく、ほかの多くの科学者からも「人間を動物のように扱わないように」と言われた。

擬人化とは、人間ではない何かを、人間の特徴を使って表現することである。本書でいうと、たとえばゾウが死んだ仲間の骨に近づき、しばらく静かにたたずむのを見て、「死を悼むという人間の典型的な行動をとっている」と解釈することだ。私はゾウが遺骨に近づく際の沈黙を、尊敬、追憶、苦しみと捉えている。だが、ゾウが感情を持っていることを証明できない以上、ゾウが感情を持っていると考えない一部の科学者は、私のような捉え方をナンセンスだと考えるのだ。純粋な「行動主義」の動物行動学において、動物は主観性のないただの生きものなので、心理的プロセス、意識、幸福や苦しみを調査することはできない。しかしながら、何らかの生き物と接したことがある人であれば、それが真実でないとわかるだろう。

馬を自分の息子のように扱っている知り合いの女性がいる。彼女は朝から晩まで馬の毛を梳かし、洗い、磨いている。馬が小屋のなかで糞をするると、踏んだらどうするのと怒鳴りつける。美しい灰色の馬が、彼女によって完璧に手入れされたあと、パドックに入ってきて泥のなかを転げ回るのを見ると、私は心から嬉しくなる。馬は怒鳴られると、さらに転げ回る。馬が馬であるのを見ることは、なんという喜びだろう。しかし、自然観察を好む元動物行動学者の私にとって、その馬は世界中のどの馬にも似ていない、独自の個性、素質、経験、恐怖心、愛情を持った馬なのだ。

我が家の愛犬のペニーは撫でられるのが好きでなく、遊ぶ時間と寝る時間を自分で決める。一方でヴェラは一日中誰かにかわいがられていて、常に私がどこに行くか、何をしているかを気にして、くっついてくる。2匹は一緒に育ち、同じようにしつけられたのに、まったく違う性格をしている。いうまでもなく、私にとってペニーとヴェラは、内なる感情を持ったふたつの個体なのだ。いつも一緒にいるせいで、私は彼女たちをよく知っているが、2匹が内なる感情を持っているなら、ゾウやオウムやゴリラが内なる感情を持っていないわけがない。本書では、あえて人間の感情を使って動物の行動を解釈してみた。場合によって、もしくは種によって、擬人化は動物の行動を説明し、理解するのに役立つと私は思う。

動物が私たちと同じような感情を持っていること、そして私たちの行動のなかには進化の法則によって説明できるものがあることを知っておけば、自分たちが何者かを理解するための非常に強力なツールを手に入れられる。それは決して、私たちの人間性を損なうわけではないのだ。

［参考文献］

・ジャレド・ダイアモンド（長谷川真理子 他訳）
『人間はどこまでチンパンジーか？ 人類進化の栄光と翳り』新曜社、1993年

・ニコライ・リリン（片野道郎 訳）『シベリアの掟』東邦出版、2015年

・アモツ・ザハヴィ＆アヴィシャグ・ザハヴィ（大貫昌子 訳）
『生物進化とハンディキャップ原理 性選択と利他行動の謎を解く』白揚社、2001年

・John Niven, *The Second Coming*, William Heinemann, 2011

・Guido Minciotti, *Orche a Genova: cucciolo morto, la mamma non abbandonona lo*,
https://guidominciotti.blog.ilsole24ore.com/2019/12/05/

・Maruthupandian J, Marimuthu G（2013）Cunnilingus Apparently Increases Duration of Copulation in the Indian Flying Fox, Pteropus giganteus.
PLoS ONE 8（3）：e59743. doi:10.1371/journal.pone.0059743

・Marcus Dunk, *A Mother's Grief: Heartbroken Gorilla Cradles Her Dead Baby*,
https://www.dailymail.co.uk/sciencetech/article-1046549

ヴィンチェンツォ・ヴェヌート

Vincenzo Venuto

1965年ミラノ生まれ。生物学者。ミラノ大学で自然科学と環境科学を学び博士号を取得。主にオウムのコミュニケーションの研究に10年間取り組んだ後、2000年にテレビの世界へ。“*Alive - Storie di sopravvissuti*（アライブ - 生存者の物語）”“*Life - Uomo e Natura*（ライフ - 人と自然）”など、数々のドキュメンタリー番組の司会者を務める。本書はシリーズ累計30万回以上聴取された同名の人気ポッドキャストの内容を加筆し書籍化したもの。

安野亜矢子

Ayako Yasuno

千葉県生まれ。東京藝術大学大学院美術研究科修士課程修了後、フィレンツェ大学に留学。訳書にプルガトーリ『裏切りのシュタージ』、コッレンティ『血の郷愁』（以上ハーパーBOOKS）、カンティーニ『ゾンビのホラーちゃん4 湖へのバカンス』（文化出版局）がある。

生《い》きものたちの「かわいくない」世界《せかい》

動物行動学《どうぶつこうどうがく》で読《よ》み解《と》く、進化《しんか》と性淘汰《せいとうた》

2021年12月10日発行　第1刷

著者　ヴィンチェンツォ・ヴェヌート

訳者　安野亜矢子

翻訳協力　株式会社リベル

発行人　鈴木幸辰

発行所　株式会社ハーパーコリンズ・ジャパン
東京都千代田区大手町1-5-1
電話 03-6269-2883（営業）
0570-008091（読者サービス係）

印刷・製本　中央精版印刷株式会社

定価はカバーに表示してあります。

978-4-596-01711-6